贵州省第三次全国土壤普查成果应用平台建设构想

童倩倩◎著

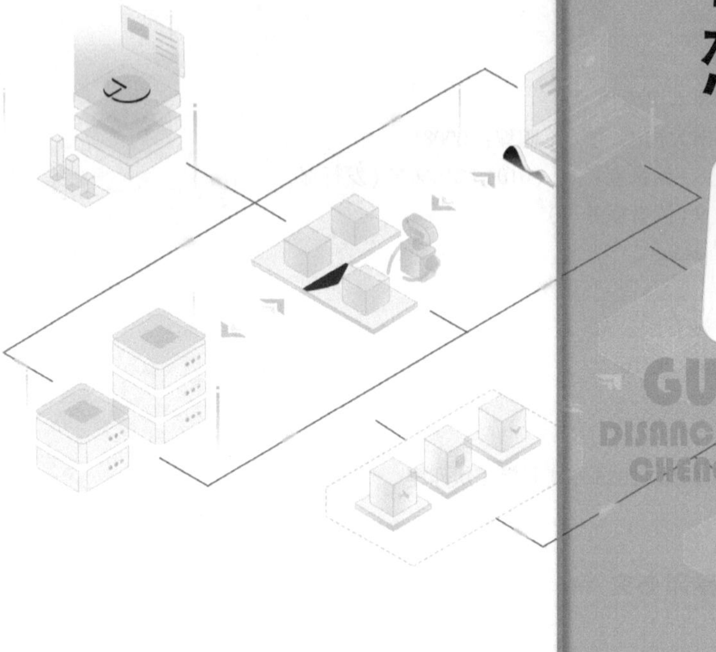

GUIZHOUSHENG
DISANCI QUANGUO TURANG PUCHA
CHENGGUO YINGYONG PINGTAI
JIANSHE GOUXIANG

中国农业科学技术出版社

图书在版编目(CIP)数据

贵州省第三次全国土壤普查成果应用平台建设构想 / 童倩倩著 . --北京：中国农业科学技术出版社，2025. 4. --ISBN 978-7-5116-7381-7

Ⅰ. S159. 273

中国国家版本馆 CIP 数据核字第 20254A0S37 号

责任编辑 张志花
责任校对 王 彦
责任印制 姜义伟 王思文

出 版 者 中国农业科学技术出版社
北京市中关村南大街 12 号　　邮编：100081
电　　话 (010) 82106636 (编辑室)　　(010) 82106624 (发行部)
(010) 82109709 (读者服务部)
网　　址 https://castp.caas.cn
经 销 者 各地新华书店
印 刷 者 中煤(北京)印务有限公司
开　　本 170 mm×240 mm　1/16
印　　张 9. 75
字　　数 175 千字
版　　次 2025 年 4 月第 1 版　2025 年 4 月第 1 次印刷
定　　价 68. 00 元

前　　言

2022 年全国启动第三次土壤普查，到 2025 年实现对全国耕地、园地、林地、草地等土壤的“全面体检”，摸清土壤质量家底。土壤普查成果的有效应用关系到土壤资源保护和利用水平的提升、农牧业生产布局的优化、农业农村现代化建设等方面，是严守耕地红线，确保粮食安全，全面推进乡村振兴，促进生态文明建设的有力支撑。

本书以支撑贵州省第三次全国土壤普查成果应用需求为目的，从需求分析、设计方案、建设内容等方面提出平台建设构想。贵州省第三次全国土壤普查成果应用平台建设是促进全省耕地土壤数据共享的强大引擎，是全省土壤质量管理的数字化工具，是数字农业农村建设的有力抓手，是协调保障土壤可持续发展的有效举措，是优化农业生产布局、助力乡村产业振兴的有效途径。为全省土壤状况概览、土壤科学管理、农业数字化建设、土壤可持续利用以及乡村振兴建设提供了有效支撑。

本书的撰写得到了贵州省第三次全国土壤普查领导小组办公室、贵州省农业农村厅耕地质量保护与农垦处、贵州省农业农村厅市场与信息化处、贵州省土壤肥料工作总站各位领导、专家、同事的大力支持和帮助，对其提出的宝贵意见和建议，在此表示诚挚的感谢。

由于著者水平有限，书中不足之处在所难免，敬请读者批评指正。

著者

2024 年 12 月

目　　录

第一章　现状及需求分析

1.1　平台建设背景及必要性

1.1.1　平台建设背景

中华人民共和国成立以来，我国曾进行过两次土壤普查。1958—1960年开展了“一普”（第一次全国土壤普查），形成了耕地资源分布、土壤肥力、土壤改良概图等成果。贵州省1979年启动“二普”（第二次全国土壤普查），1991年完成工作，全省参加普查人员10 486人，获取化验数据200余万个，完成了全部县级1∶50 000土壤图编制和相关土壤志的编写，全面查清了土壤资源的类型、数量、分布、基本性状等，建立了土壤分类系统。但由于当时科学和技术条件的限制，土壤普查数据资料多分散在图件、研究报告或相关书籍中，土壤的空间信息和丰富的属性数据很难关联以进行系统、综合分析。各地完成的各种比例尺的土壤图件主要为手绘，图件编制不规范，多数图件没有坐标参考，建设用地明显缺失，河流水系编绘明显夸大，还存在图斑界线缺失和注记错标、漏标问题。各县土壤资料中普遍存在着“同土异名”和“异土同名”问题。

2022年全国启动第三次土壤普查，到2025年实现对全国耕地、园地、林地、草地等土壤的“全面体检”，摸清土壤质量家底。此次普查是全面贯彻党的十九大和十九届历次全会精神，深入落实党中央、国务院关于耕地保护建设和生态文明建设的决策部署；是一次重要的国情国力调查，对全面真实准确掌握土壤质量、性状和利用状况等基础数据，提升土壤资源保护和利用水平，落实最严格耕地保护制度和最严格节约用地制度，保障国家粮食安全，推进生态文明建设，促进经济社会全面协调可持续发展具有重要意义。

按照《国务院关于开展第三次全国土壤普查的通知》（国发〔2022〕4

号）相关要求，根据《贵州省人民政府办公厅关于开展全省第三次土壤普查的通知》（黔府办函〔2022〕44 号），普查工作在“十四五”期间全部完成。共分为三个阶段：2022 年启动普查，在平坝区、纳雍县、绥阳县、龙里县、岑巩县开展试点；2023—2024 年全面开展普查；2025 年进行成果汇总、验收总结。2025 年上半年，完成普查成果整理、数据审核、录入等工作，汇总形成第三次全省土壤普查基本数据；下半年，完成普查成果验收、汇交与总结，建成土壤普查数据库与样品库，形成全省耕地质量报告和全省土壤利用适宜性评价报告。

根据贵州省第三次土壤普查领导小组办公室印发《2023 年贵州省第三次土壤普查工作方案》的通知要求，《第三次全国土壤普查省级数据库及成果应用平台建设指导方案》等标准规范，结合贵州省深入开展第三次全国土壤普查成果应用的需求，建设贵州省第三次全国土壤普查成果应用平台。

1.1.2　平台建设必要性

根据《第三次全国土壤普查省级数据库及成果应用系统建设技术指引》（国土壤普查办发〔2024〕7 号）和贵州省土壤普查的实际需求，贵州省第三次全国土壤普查成果应用平台建设是全省土壤普查成果与数据资源得以高效应用的关键举措，为全省土壤状况概览、土壤科学管理、农业数字化建设、土壤可持续利用以及乡村振兴建设提供了有效路径。

1.1.2.1　系统建设是促进全省耕地土壤数据共享的强大引擎

贵州在 20 世纪 80 年代起就参与了全国第二次土壤普查，形成了县级、市级、省级一系列土壤普查成果纸质图件和文本资料。随后通过测土配方施肥、耕地地力评价、化肥零增长、耕地质量监测、轮作休耕等项目的实施积累了种类繁多耕地土壤相关数据及成果资料，数据积累日益丰富，在范围上呈现出横向规律，在时间上呈现出纵向规律。但土壤数据标准不一致，导致数据管理缺乏系统性、有效性。同时，由不同行业、部门和单位根据各自不同的应用需求建立的“孤岛”数据有不同的数据来源和数据结构，加剧了数据的破碎性，人们难以直接实现数据共享和交互，因而产生了某些数据获取困难、数据可用性差的情况。通过系统的建设，将历史数据管起来、动起来，打破数据“孤岛”，以“数据获取服务，服务丰富数据”的方式实现数据获取的良性循环，从而深入挖掘利用数据，实现数据共享服务价值。

1.1.2.2 系统建设是全省土壤质量管理的数字化工具

从全省尺度上对土壤质量与健康状况仍缺乏全面系统的认识，导致土壤数据现状不清，危害程度不明，难以支撑农业现代化和食物安全的国家战略目标。因此，通过实施第三次全国土壤普查（以下简称“土壤三普”）可实现对土壤资源数量、质量和健康变化状况的全面了解和实时把控，总结土壤资源管理和利用的成功经验，打造全省“数字土壤”一张图，提出面向绿色发展的省级层面土壤质量和健康问题的系统解决方案。摸清全省土壤资源现状、弥补土壤技术数据信息的缺失和断层，是实施耕地质量保护、高标准农田建设、中低产田改良和粮食产能提升的重要前提，对农业高质量发展和绿色转型，促进农业农村现代化建设具有重大现实意义。

1.1.2.3 系统建设是数字农业农村建设的有力抓手

土壤质量是粮食产量的基础，农业的发展离不开土壤质量的提升。完整、准确、全面贯彻新发展理念，推进贵州省农业发展绿色转型和高质量发展，节约水土资源，促进农产品量丰质优，都离不开土壤肥力与健康指标数据作支撑。贵州省第三次全国土壤普查成果应用平台的建设，可以推动品种培优、品质提升、品牌打造和标准化生产，提高农产品质量和竞争力，这些都需要翔实的土壤特性指标数据作支撑。通过平台建设，可以指导农户和新型农业经营主体因土种植、因土施肥、因土改土，提高农业生产效率，这些都需要土壤养分和障碍指标数据作支撑。发展现代农业，促进农业生产经营管理信息化、精准化，需要土壤大数据作支撑。

1.1.2.4 系统建设是协调保障土壤可持续发展的有效举措

不合理的土壤资源利用和管理将不可避免地对粮食安全和生态环境产生影响，带来一系列问题，如养分利用效率低下、污染加剧、生态环境破坏、生物多样性降低等，而这些问题的解决方案必须重新回到土壤本身。土壤普查的基础数据库能够提供贵州省土壤“健康”基础状况，对于区域土壤质量的可持续发展，需要结合对大气环境、周边环境质量变化的监测，并结合农事活动投入品数量的增减来防止农田土壤酸化面积扩大、程度增加，防止土壤污染趋势加重。这些都需要对区域成果质量进行进一步更新和利用，达到发挥土壤的生产、环保、生态等功能，促进“碳中和”。

1.1.2.5 平台建设是优化农业生产布局、助力乡村产业振兴的有效途径

贵州土壤面积共159 100 km^2，占全省土地面积的90.4%，中部及东部

广大地区以黄壤为主，西南部以红壤为主，西北部为黄棕壤，除了这三大种类外还有受母质与人为因素影响制约的石灰土和紫色土、水稻土、潮土、山地草甸土、新积土等土类，对于农业生产而言，贵州土壤资源数量明显不足，可用于农、林、牧业的土壤仅占全省总面积的 83.7%。需要合理利用土壤资源，发挥区域比较优势，优化农业生产布局，提高水土光热等资源利用率。《中华人民共和国国民经济和社会发展第十四个五年规划和 2035 年远景目标纲要》提出的优化农林牧业生产布局落实落地，因土适种、科学轮作、农牧结合，因地制宜多业发展，实现既保粮食和重要农产品有效供给，又保食物多样，促进乡村产业兴旺和农民增收致富，而“三普”应用成果的建设必将为土壤质量提升及农业区划提供合理的方案支撑，通过大数据分析手段，实现“数字土壤”一张图。

1.2 项目建设依据

1.2.1 法律依据

《中华人民共和国民法典》、《全国农业普查条例》（国务院令第 473 号）、《中华人民共和国土地管理法》（2021 年修正）、《中华人民共和国基本农田保护条例》、《地图管理条例》（国务院令第 664 号，2016 年 1 月 1 日起实施）、《中华人民共和国网络安全法》（2023 年 8 月 3 日发布）、《中华人民共和国数据安全法》（2021 年 9 月 1 日发布）、《中华人民共和国密码法》（2019 年 10 月 26 日发布）。

1.2.2 政策依据

《国务院关于开展第三次全国土壤普查的通知》（国发〔2022〕4 号）、《第三次全国土壤普查工作方案》、《中共中央　国务院关于做好 2022 年全面推进乡村振兴重点工作的意见》、《中共中央　国务院关于全面推进乡村振兴加快农业农村现代化的意见》、《贵州省人民政府办公厅关于开展全省第三次土壤普查的通知》（黔府办函〔2022〕44 号）、《中共贵州省委　贵州省人民政府关于做好 2023 年全面推进乡村振兴重点工作的实施意见》、《“十四五”国家信息化规划》（2021 年 12 月 28 日发布）、《数字农业农村发展规划（2019—2025 年）》、《贵州省第三次土壤普查领导小组办公室关于授权贵州省第三次土壤普查数据管理的通知》、《贵州省第三次土壤普查试点工作方案》、《贵州省第三次土壤普查工作实施方案》、《贵州省农业农村厅关于做好2023年全面推进乡村振兴重点工作的实施意见》（黔农发〔2023〕10号）、《第三次全国土壤普查数据库规范（修订版）》、《国务院第三次全国土壤普查领导小组办公室关于授权第三次全国土壤普查数据管理的通知》（国土壤普查办发〔2022〕27号）、《国务院第三次全国土壤普查领导小组办公室关于加快推进2024年第三次全国土壤普查工作的通知》（国土壤普查办发〔2024〕10号）、《贵州省第三次土壤普查领导小组办公室关于印发〈2024年贵州省第三次土壤普查工作方案〉的通知》。

1.2.3　技术规范

《第三次全国土壤普查省级数据库及成果应用系统建设技术指引》（国土壤普查办发〔2024〕7号）、《第三次全国土壤普查技术规程》、《第三次全国土壤普查土壤类型名称校准与完善工作指南（审议稿）》、《第三次全国土壤普查工作底图制作与采样点布设技术规范（审议稿）》、《第三次全国土壤普查数据库（修订版）》、《第三次全国土壤普查土壤属性与专题图制图规范（修订版）》、《第三次全国土壤普查土壤类型制图技术规范（修订版）》、《第三次全国土壤普查野外调查与采样规范（修订版）》、《第三次全国土壤普查土壤生物调查技术规范（修订版）》、《第三次全国土壤普查土壤生物调查技术规范操作手册（修订版）》、《第三次全国土壤普查土样制备保存流转检测技术规范》、《第三次全国土壤普查全程质量控制规范（修订版）》、《国务院第三次土壤普查领导小组办公室关于征求〈第三次全国土壤普查试点县成果验收工作方案〉的通知》（国土壤普查办发〔2023〕19号）、《中国土壤分类与代码》（GB/T 17296—2009）、《信息安全技术　网络安全等级保护基本要求》（GB/T 22239—2019）、《信息安全技术　网络安全等级保护测评要求》（GB/T 28448—2019）、《信息安全技术　信息系统密码应用基本要求》（GB/T 39786—2021）。

1.3　项目建设需求分析

1.3.1　业务需求分析

以《第三次全国土壤普查数据库规范（修订版）》为依据，设计土壤普查省级数据库框架；以安全可靠为原则，建设国家与省级之间的数据同步通道；以数据同步为基础，获取本省土壤“三普”过程数据；通过整合基础数据、过程数据、成果数据，形成完整的省级土壤“三普”数据库；以服务农业生产为目标，开发本省土壤普查成果应用系统，为土壤规划利用、治理改良、科学分类、保护管理等提供有力支撑。

为支撑第三次全国土壤普查成果应用需求，根据普查成果指导生产需求，建设贵州省第三次全国土壤普查成果应用平台。基于多源异构数据融合技术，充分利用省级数据储备及专项补充资料，辅助完成“土壤三普”成果汇总和应用工作，实现“土壤三普”数据的可视化展示；推动土壤的科学分类、规划利用、改良培肥、保护管理等工作的开展。全面提升土壤资源保护和利用水平，为守住耕地红线、加强耕地质量等级保护，优化农牧业生产布局、确保粮食安全奠定坚实基础，为加快农业农村现代化、全面推进乡村振兴、促进生态文明建设提供有力支撑。目前迫切需要建立贵州省第三次全国土壤普查成果应用平台，实现“土壤三普”成果数据的利用最大化；实现对普查数据的深度挖掘分析，与现有农建系统建立数据共享机制，实现“一调多用”。

1.3.2 用户角色需求分析

贵州省第三次全国土壤普查成果应用平台建设项目覆盖省市县三级纵向部门，面向贵州省市县三级农业部门技术人员、农业种植企业大户。

平台建设系统包括数据管理分析系统和成果应用服务系统。

1.3.3 功能需求分析

按照《国务院关于开展第三次全国土壤普查的通知》（国发〔2022〕4号）和国务院第三次全国土壤普查领导小组办公室关于印发《第三次全国土壤普查工作方案》的通知（农建发〔2022〕1号）要求，结合土壤普查工作需要，推进第三次全国土壤普查省级数据库及成果应用系统建设。

根据《第三次全国土壤普查省级数据库及成果应用系统建设技术指引》（国土壤普查办发〔2024〕7号），各省级土壤普查办在获取本省土壤“三普”数据的基础上，采用主流先进、自主可控的技术开发省级土壤“三普”数据应用系统，重点实现数据可视化展示、土壤要素智能化分析、专题信息数字化应用等。各省根据本省的需求，利用遥感与地理信息系统、数据挖掘人工智能等技术手段，深入开展土壤障碍因子分析、特色农产品种植适宜性评价等专题应用。鼓励有条件的省份整合本省测土配方施肥、农用地土壤污染状况详查等数据，建设耕地大数据平台，为开展土壤质量评价、土壤健康评价、酸化土壤改良、种植作物布局优化等提供数据支撑和科学决策。在推进信息系统建设中应落实信息系统安全等级保护测评等工作。

第三次全国土壤普查成果应用平台主要应用于实现土壤规划“一张图”，在获取本省土壤“三普”数据的基础上，整合本省测土配方施肥、农用地土壤污染状况详查等数据，采用主流先进、自主可控的技术建立农田大数据平台，汇聚土、水、肥三大农田基本数据，设计土壤“三普”数据应用系统的一体化门户，为开展土壤质量评价、土壤健康评价、土壤酸化改良、种植作物布局优化等提供数据支撑和科学决策，支持潜在的耕地开发潜力评价、障碍性土壤改造、种植适宜性评价、特色化产品优势区规划等应用。

1.3.3.1 土壤分布“一张图”功能需求

（1）专题地图展示

土壤分布“一张图”功能服务场景为省、市、县三级成果应用系统。在贵州省基础地理数据构建的数字底图基础上，结合第三次土壤普查形成的土壤类型分布图、土壤属性分布图、土壤农业利用适宜性评价图等专题成果图件，搭建土壤专题地图，用户可直观查看贵州省各地形条件下的土壤分布，可根据实际需要分层浏览各类地图。

（2）数据关联展示

将土壤普查过程中所有相关要素关联起来，包括调查点位照片、点位调查/测试结果等，实现在一个界面土壤普查中产生的全要素数据及土壤调查点信息的集成浏览。

1.3.3.2 数据查询功能需求

（1）空间查询

支持运用如点、线、多边形，设置空间范围、缓冲距离、空间关系等查询条件，获取贵州省第三次土壤普查成果的空间分布、土壤类型、土地利用类型、面积等信息。

（2）属性查询

可基于土壤空间数据的属性数据，设置属性字段查询条件，获取对应成果的空间分布、土壤类型、土地利用类型、面积等信息。

（3）关联查询

相同位置的信息数据可利用基于位置关联起来，并通过关联查询到多个关联数据。例如，与行政区划、土地利用、地理区域划分等。

1.3.3.3 数据统计功能需求

（1）数据统计看板

数据统计看板，基于关键属性或特征性状进行分类统计，支持按所属区划逐级下钻查看不同区域数据统计分析成果的功能，丰富土壤数据资产宏观层面可视化的展示维度。

（2）统计报表

根据调查内容，利用科学的统计方法，对相关信息的收集、整理、筛选、分析，主要包括土壤类型面积、土壤性状分级分布统计、耕地质量分布和适宜性分布统计等。

（3）现状汇总

支持用户自定义选择行政区、土壤类型，实现土壤现状的分区域、分级、分类汇总统计。

1.3.3.4 数据分析功能需求

（1）数据空间叠加

在统一空间参考系统下，通过对两个土壤相关数据进行的一系列集合运算，分析在空间位置上有一定关联的空间对象的空间特征和专属属性之间的相互关系。能够发现多层土壤数据间的相互差异、联系和变化等特征。

（2）对比分析展示

利用卷帘对比的方式查看相同地点第二次土壤普查与第三次土壤普查数据成果的差别，通过不同时期成果的历史回溯、变化分析，挖掘全省土壤数量、质量、分布和利用状况等变化情况。

（3）土壤检测数据含量分析

将土壤检测理化性状数据与历史测土配方施肥数据结合，分析区域土壤肥力演变、是否存在土壤酸化、土壤酸化程度、土壤富硒分布等情况，为土壤质量评价、土壤改良和合理施肥研究提供数据支持。

（4）人工智能分析

利用数据挖掘人工智能等技术手段，开展土壤分类。通过大量分析土壤样本数据中的物理、化学和生物特性，深入探索最能表征土壤特性的特征，构建泛化能力强、可靠性高的土壤类型分类算法和模型。可处理未知领域复杂的土壤特性数据，能提高分类的精确度和速度，为农业管理、土地利用规划提供土壤分类信息依据，促进农业生产的优化和土壤资源的持续利用。

运用预测建模技术，分析土壤侵蚀和退化的趋势。通过综合分析土壤特性、地理条件等多种因素，运用数据挖掘技术选择合适的特征（如土壤质地、降水量、植被覆盖率等），对复杂的非线性关系和大数据量采用深度学习模型处理，构建适应于土壤侵蚀和退化趋势预测的模型。可预测未来可能出现的问题区域，为制定相关的土壤保护和治理策略提供科学依据与决策支持。

1.3.3.5　成果应用分析需求

将数据分析与具体应用相结合，针对不同需求作特有分析。

（1）肥力变化对比

将土壤“三普”数据与土壤“二普”数据、历史测土配方数据进行对比，分析土壤类型和土壤肥力变化情况，准确掌握土壤质量、性状等情况，对土壤的合理规划和科学利用以及土壤培肥等提供强力支撑。

（2）打造特色农产品优势区

根据土壤适宜性评价结果以及土壤微量元素含量打造特色农产品优势区，加速推进农业供给侧结构性改革，满足城乡居民多样化农产品消费需求，巩固脱贫攻坚成果、助力乡村振兴和推动农业高质量发展。

（3）促进耕地质量提升

根据耕地质量评价结果，对耕地质量等级进行明确划分，对耕地质量等级较高的耕地进行科学利用、保护，对质量等级较低的耕地进行合理改良，提高耕地质量。其中根据土壤类型图和属性图可以对存在障碍层、瘠薄、酸化的土壤进行明确划定，然后进行合理改良规划。

1.3.3.6　成果应用服务管理需求

（1）土壤“三普”成果展示

面向社会大众提供网上土壤“三普”成果展示服务，包括书籍成果和图件成果，便于大众直观了解和识别贵州省各地区土壤资源的特征、形成、类型和分布，提高大众对土壤的科学认识，加强大众对土壤生态安全的重视。

（2）地块施肥推荐服务

通过获取地块基本信息和土壤养分信息，结合作物产量目标需求及种植作物需肥参数计算氮、磷、钾施肥量，提供精准施肥方案，为农业生产工作提供数据支撑。

（3）土壤污染修复服务

根据第三次土壤普查理化性状数据和历史土壤污染检测数据，对污染土壤进行调查和评估，确定污染物的种类、分布和浓度，评估土壤污染对环境和公共健康的风险，根据土壤污染的具体情况和风险评估结果，提供对应恰当的修复方案。

(4) 农事活动指导服务

根据第三次土壤普查得到的土壤理化性状数据、历史测土配方施肥数据、遥感解译数据和物联网监测数据，对地块环境、作物生长情况、气候变化等因素的实时监测与分析，为种植农户提供个性化的农事活动指导。

(5) 农业供需信息对接服务

农业的发展需要畅通的信息渠道，农民的增产、增收和农业产业经营者的盈利也需要以信息为依托。提供农产品、农资、农机等信息对接服务，支持供需双方发布和浏览对接信息，消除农业信息“最后一公里”，满足更多的农业生产消费需求。

1.3.3.7 三维场景展示需求

采用先进的三维建模技术，对贵州全省地形信息、第三次全国土壤普查采集的3 297个土壤剖面进行三维立体效果表达，展现土壤剖面的分层结构和土壤在不同区域的分布情况，剖面模型支持360°旋转，每个土壤剖面配备对应的语音解说及图文说明。建立逼真的土壤剖面模型，创造一个互动性强、易于理解的展示窗口，便于公众更好地理解土壤相关科学知识。

1.3.4 数据资源需求分析

1.3.4.1 基础数据需求

内部数据来源于国家下发的土壤“三普”数据，贵州省农业农村厅测土配方施肥、耕地质量等级评价，高标准农田建设及土地确权等；外部数据来源于自然资源厅，获取土地利用数据（矢量图）、地质图、耕地地球化学调查等，以及气象局获取的气象资料数据。

1.3.4.2 数据质量需求

按照《贵州省数据质量评估体系》及项目数据目录编制情况，项目系统产生数据需通过数据质检，达到上架可用、动态鲜活、数据置信的地步，由贵州省政务数据集成中心生成数据质量评估报告，满足数据资源统筹管理，加强数据同步更新监控及管理调度，满足国家政务大数据全国一体化建设中数据质量控制要求。

1.3.5　基础设施需求分析

1.3.5.1　本地基础实施需求

《第三次全国土壤普查省级数据库及成果应用系统建设技术指引》（国土壤普查办发〔2024〕7 号），明确要求各省相关部门建设本地存储环境条件，获取本省数据资源。各省级土壤普查办根据《信息安全技术　网络安全等级保护基本要求》（GB/T 22239—2019），通过部署网络防火墙、堡垒机、网闸、漏洞扫描、日志审计等安全管理设备，以及数据同步前置机、数据管理服务器、磁盘阵列等，建设本地数据安全存储专用环境条件。数据库服务器及数据存储设备原则上应采用双机热备机制以满足数据安全存储与容灾备份的要求。在完成省级数据库建设并具备数据安全存储环境的条件下，向技术支撑单位申请并获取本省土壤“三普”数据同步VPN 连接账号，采用 IP 地址绑定和账户密码认证机制，定期获取本省数据。根据土壤“三普”工作特点及数据流向特征，将土壤“三普”数据按阶段划分为基础数据、过程数据和成果数据，其中基础数据主要包括土地利用现状图、全国第二次土壤普查土壤图、地形图、遥感影像等，主要通过省级部门积累、协调等方式获取；过程数据包括样点数据、调查采样数据、样品流转数据、检测分析数据等，主要通过国家土壤“三普”工作平台数据同步等方式获取；成果数据包括数字化图件成果、文字成果等，主要通过各级成果编制形成。

平台建设计划按照《第三次全国土壤普查省级数据库及成果应用系统建设技术指引》（国土壤普查办发〔2024〕7 号）要求，进行设备配置，包括前置机、数据备份服务器、存储设备、算力服务器；基于本地局域网建设数据管理系统，计算资源需求主要包含数据库服务器、应用服务器计算能力两大部分，结合同类项目情况进行标配。

1.3.5.2　云资源需求

（1）应用服务器及数据库服务器资源租用需求

平台建设的计算资源需求主要包含数据库服务器、应用服务器计算能力两大部分。相关服务器性能需求估算目前主要采用主流的 TPC-E 值为依据，在应用类事务处理请求中，TPC-E 是旨在衡量联机事务处理（OLTP）系统性能与可伸缩性的行业标准基准测试项目。数据库事务处理请求中，TPC-E 标准定义了数据库管理系统中的输入和输出参数的存储过程，并以每秒所需处理数据库事务的总量（tpsE）来衡量信息系统所需计算能力。

成果应用服务系统主要涉及农业种植企业大户，以 2023 年全省省级以上龙头企业1 200家、省级农民合作社示范社3 022个、纳入家庭农场名录管理的数量 3.4 万家为基准，按照 4 万人预估用户需求（表 1-1）。其中 10% 使用成果应用服务系统服务，单日忙时并发用户数约占服务使用总体的 5%，主要集中在 4 h 内，系统忙时并发业务量为 100 笔/s（$U1$）。

每笔业务发出请求数为 $T=4$；

每个请求处理的事务数含应用类、数据更新、数据查询；

平均每个请求处理的应用类事务数（$T1$）；

平均每个请求处理的数据更新事务数（$T2$）；

平均每个请求处理的数据查询事务数（$T3$）。

数据库服务器需要的峰值处理能力计算公式为：

TPC-E $= U1 \times T \times (T2+T3)$

则数据库服务器的峰值处理性能估算为：

TPC-E $= 200 \times 4 \times (2+2) = 3\ 200$ psE（每秒处理事务数）

在同一套系统下，则应用要求服务器的 TPC-E $= U1 \times T \times T1 = 200 \times 4 \times 5 = 4\ 000$（每秒处理事务数）。

以目前主流服务器的测试为基准值，测试结果如下：每个物理 CPU 单核的处理能力为 98 tpsE，则可计算所需数据库服务器 CPU 核数及应用服务器 CPU 核数。

即数据管理分析系统（省、市、县）应用要求服务器 CPU 核数需求 =（TPC-E）$\div 98 = 4\ 000 \div 98 \approx 41$ 核，数据库服务器 CPU 核数需求 $= 3\ 200 \div 98 \approx 33$ 核。

参考同等算法，平台建设中应用系统所需计算能力的分析测算如下。

（2）存储资源租用需求

平台建设主要涉及在互联网的成果数据存储资源需求，2022 年试点期间 5 个试点县成果数据存储量共 55G，平均每个试点县 11G，按照贵州全省 88 个县进行测算，共需 $= 55 \div 5 \times 88 = 968$ G，考虑一定的冗余，需要租用 970 G SSD 云盘。

表 1-1 云资源需求

序号	系统名称	承载网络	用户对象	用户规模	业务基数/%	并发在线率/%	忙时并发业务数/（笔/s）	每笔业务发出请求数	每个请求处理的事务数			每秒事务数（tpsE 值）			每颗物理 CPU 单核的处理能力 tpsE	CPU 核数需求	
									应用类	数据更新	数据查询	应用类	数据更新	数据查询		应用服务器	数据库服务器
1	成果应用服务系统	互联网	农业种植企业大户，以 2023 年全省省级以上龙头企业 1 200 家，省级农民合作社示范社 3 022 个，纳入家庭农场名录管理的数量 3.4 万家为基准，按照 4 万人预估用户需求	40 000	10	5	200	4	5	2	2	4 000	1 600	1 600	98	41	33

1.3.5.3 网络宽带需求

为了满足第三次全国土壤普查成果数据的高效应用，网络和宽带性能必须能支撑所有系统功能运行，且具有高稳定性、高安全性、可管理、易操作、可以升级维护的特点。根据《第三次全国土壤普查省级数据库及成果应用系统建设技术指引》（国土壤普查办发〔2024〕7 号）的基础配置建议，网络带宽 100 MB 以上。

1.3.6 信息安全需求分析

根据《第三次全国土壤普查省级数据库及成果应用系统建设技术指引》（国土壤普查办发〔2024〕7 号），各省级土壤普查办根据《信息安全技术网络安全等级保护基本要求》（GB/T 22239—2019）相关文件要求，结合“土壤三普”数据涉及业务信息安全和系统服务安全两方面，平台建设按照信息安全等级保护第三级要求开展建设，并通过三级等保测评。

根据《国务院办公厅关于印发国家政务信息化项目建设管理办法的通知》（国办发〔2019〕57 号）、《信息安全技术　信息系统密码应用基本要求》（GB/T 39786—2021），针对信息安全等级保护第三级项目，按照同步规划、同步建设、同步使用等要求开展项目密码应用建设，并通过密码管理部门审核和商用密码应用安全性评估。

1.3.6.1 本地信息安全建设需求

为贯彻落实《中华人民共和国网络安全法》中规定的网络经营者应当履行的义务，建立健全的网络安全防护体系，切实保障本地机房网络内信息资产安全，支撑其信息化以及未来业务的发展，按照《信息安全技术　网络安全等级保护基本要求》（GB/T 22239—2019）标准第三级的安全保护能力要求，对平台所需机房网络从信息安全等级保护技术体系、安全等级保护管理体系两个方面提出安全建设的整体框架，建立“一个基础”（安全物理环境）、“一个中心”（安全管理中心）保障下的“三重防护体系”（安全通信网络、安全区域边界、安全计算环境）的架构，使得机房网络具备满足需求的安全防护能力。

根据《第三次全国土壤普查省级数据库及成果应用系统建设技术指引》（国土壤普查办发〔2024〕7 号），各省级土壤普查办根据《信息安全技术网络安全等级保护基本要求》（GB/T 22239—2019）建设本地存储环境，按照推荐配置要求，本地化需配置支持 IPSecIKEv2 协议的防火墙、堡垒机、主机安全防护、漏洞扫描、日志审计、数据库审计、防病毒软件、VPN、数据脱敏设备等信息安全产品。

1.3.6.2 贵州政务云信息安全建设需求

贵州省第三次全国土壤普查成果应用平台建设项目涉及成果应用服务系统基于贵州政务云部署，承载网络为互联网。

平台建设按照《信息安全技术 信息系统密码应用基本要求》（GB/T 39786—2021）中等保三级建设要求，基于互联网进行信息安全产品租用。需要配置信息安全产品包括下一代防火墙、堡垒机、入侵防御系统、漏洞扫描系统、数据库审计、日志审计系统等。

1.3.6.3 密码应用建设需求

根据《第三次全国土壤普查省级数据库及成果应用系统建设技术指引》（国土壤普查办发〔2024〕7 号），平台建设主要基于本地进行“三普”土壤相关数据库建设、数据资源管理、成果应用数据建设管理。

按照《信息安全技术 信息系统密码应用基本要求》（GB/T 39786—2021）中等保三级要求，主要针对本地进行密码应用建设。本地化购置密码机、密钥管理控制台等密码应用产品。

1.3.6.4 安全保障需求

根据《第三次全国土壤普查省级数据库及成果应用系统建设技术指引》（国土壤普查办发〔2024〕7 号），各省级土壤普查办应提高“土壤三普”省级数据库安全风险防控能力，建设全方位、多层次、规范化的防护体系，切实保障系统安全高效运行。依据国家信息安全相关法规和标准，利用防火墙、数据加密、入侵检测、身份认证等技术，实现省级数据库及成果应用系统的物理安全、网络安全、系统安全和数据安全。建立健全安全管理制度，强化安全规划、安全建设、安全测评、容灾备份等保障措施。开展日常监管运维，加强安全态势感知分析，定期开展风险评估和压力测试，并及时通报安全漏洞、排查整改安全隐患，化解安全风险。

1.3.6.5 数据安全保障需求

数据安全管理系统支持在数据的采集、存储、使用、分享等整个生命周期中的安全性和保密性。在数据采集汇聚过程中进行数据传输加密；对存储在资源池中的重要数据进行加密管理，并对数据访问者进行身份认证与访问授权控制，并对数据访问进行日志记录与审计；在数据共享前，对敏感数据进行脱敏和溯源处理，确保数据隐私保护。

（1）数据加密

①支持数据的传输加密、存储加密，支持保障数据在采集、汇聚环节的传输安全。

②支持在统一密钥管理的基础上，对数据存储采用列、表级别的加密。

③支持对称密钥、非对称密钥、数字证书和认证令牌等多种加密对象的统一管理，支持 KMIP 协议。

（2）数据访问授权管理

①支持对访问大数据资源池的数据等实体进行细粒度的身份认证及授权访问控制。

②对不同的业务租户采用实例级资源隔离。

③支持认证、访问控制和权限授权等功能。

④支持基于角色的权限管理模型，不同用户有不同访问权限。

（3）数据脱敏

①支持敏感信息自动发现能力，通过灵活的规则配置方式，包括字段信息匹配、数据信息匹配来自动探测数据库敏感信息字段，可以扩展任意的敏感字段范围，不受限制。

②支持丰富的脱敏处理算法。

（4）数据安全审计

①系统支持监控、日志、审计与告警等安全预防措施。

②重要的系统操作（如系统配置文件修改，操作员维护等）均被记录日志，数据应用日志被安全存储，防止被删除或随意篡改。

③包括数据审计引擎及管理后台软件、策略管理、告警管理、权限管理、系统日志、系统配置。

1.3.7 技术规范建设需求分析

贵州省第三次全国土壤普查成果应用平台涉及数据，不仅限于“三普”土壤数据，还涉及测土配方施肥数据、土地利用数据（矢量图）等，通过开展数据接口标准、数据标准两个标准规范建设，统一数据接口、规划数据类型。

1.3.8 系统性能需求分析

1.3.8.1 系统处理能力

系统的用户较多，所以对系统的并发处理能力要求较高；支持数据采集应用并发数1 000，最长时间3 s。

1.3.8.2　访问速度及响应时间

系统响应指标，包括用户登录、业务处理、数据查询和统计等系统处理结果响应时间指标。

①系统登录结果响应时间：用户登录时间≤4 s；页面间跳转时间≤3 s。

②事务处理结果响应时间：简单事务处理（包含各类信息录入、修改、删除）≤5 s；复杂事务处理≤8 s。

③系统查询结果响应时间：一般查询≤4 s；复杂查询≤8 s。

④系统统计结果响应时间：一般系统统计≤8 s。

⑤在系统处理量达到日常处理量2倍的情况下，系统响应时间下降幅度不能超过30%。

⑥系统支持3年后相比目前并发规模增长100%的处理能力要求。

⑦应用系统并发数设计应该支持部分冗余，保证系统在业务高峰期间稳定运行。

1.3.8.3　平台可靠性

①在利用本系统正常的工作中，不应出现妨碍工作顺利进行的系统错误或意外中止的情况。

②设计开发时应充分考虑软件的可靠性，并合理利用支撑平台的可靠性，应尽可能保证软件在极端情况下的正常运行，避免由于模块故障或系统的升级而影响整个系统的正常运行。

③系统提供7×24 h不间断稳定运行，出现故障能够及时告警。能够在非工作时间对系统进行维护，不影响业务连续性；平均年故障时间：<1天，平均故障修复时间：<30 min。

④系统安全性好，按各用户的实际需求设定其严格安全等级来保证系统的可靠性。具有较强的系统安全性和灾难恢复能力。

1.3.8.4　灵活性和可扩展性

①当系统与其他软件的接口发生变化，用户的操作方式、运行环境、对信息获取方式以及对期望获取的信息结果发生变化时，软件系统要做到易于调整，具有高度的灵活性。

②系统须具有快速适应业务变化的能力，应采用灵活的架构和技术手段，如扩大对不同数据格式的支持等。系统应具有良好的可扩展性，支持功能模块及处理能力有效扩展和整合集成。当系统容量和性能发生变化时，应

能通过软硬件各个层次的扩充，保证系统合理的响应时间和吞吐量，支持负载的划分与均衡。

③采用面向服务的架构建设，并采用模块化、面向对象设计。

④采用多层架构的体系结构，充分考虑平台今后纵向、横向的平滑扩张能力。

⑤系统设计具有良好的可扩充性和可移植性。

1.3.8.5 可管理性

系统应提供良好的管理机制和手段，例如对于系统用户、权限、日志的管理等。

1.3.8.6 界面友好性

①基于 B/S 结构、高度兼容的国产化浏览器；集成现代设计、强大功能以及用户友好性的移动终端系统。

②提供强大的图形界面功能。

③系统软件应提供简体中文界面，设置简易友好的用户操作界面，使用户操作简便。

④提供简洁方便的安装手段和详细的安装说明，便于使用单位操作。系统软件操作应简单、方便，尽可能适应国产化操作系统用户的使用习惯。

⑤管理系统软件所有窗口都可以进行最大化、最小化设置。

1.3.9 国产化需求分析

平台建设所采用操作系统、数据库软件以及基础硬件设施等需满足国产化要求。

1.3.10 其他需求分析

贵州省第三次全国土壤普查成果应用平台需要基于国产化 GIS 系统进行运行，实现三维切片及时空大数据的分布式存储管理、多源异构数据整合及发布共享。

根据《第三次全国土壤普查省级数据库及成果应用系统建设技术指引》(国土壤普查办发〔2024〕7 号)，各省级土壤普查办应增强土壤普查数据库运维力量，建立健全相关规章制度，制定运维管理工作流程，提升省级数据库及系统的服务支撑能力。加强运维人员管理与培训，统一负责省级数据库及系统管理的组织协调、督促检查、评估考核等工作。创新运营服务模式，充分发挥社会机构运营优势，建立健全运营服务社会化机制，形成配备合理、稳定可持续的运维服务力量。

1.3.11 国家和省级集约化建设符合性分析

根据《国务院关于加强数字政府建设的指导意见》（国发〔2022〕14号）、《国务院办公厅关于印发〈国家政务信息化项目建设管理办法〉的通知》（国办发〔2019〕57号）、《国务院关于加快推进全国一体化在线政务服务平台建设的指导意见》（国发〔2018〕27号）、《贵州省深入推进“互联网+政务服务”工作方案》、《国务院办公厅关于印发〈政府网站集约化试点工作方案〉的通知》（国办函〔2018〕71号）等文件精神，省级政务信息系统项目原则上应按照集约化建设要求，平台的成果应用服务系统基于贵州政务云平台建设，并对接贵州省数据共享交换平台对外提供数据资源共享开放，加强数据汇聚融合、共享开放和开发利用，促进数据依法有序流动，结合实际统筹推动本地区本部门政务数据平台建设，积极开展政务大数据体系相关体制机制和应用服务创新，增强数字政府效能，营造良好数字生态，不断提高政府管理水平和服务效能，为推进国家治理体系和治理能力现代化提供有力支撑。

第二章　总体设计方案

2.1　平台设计原则

平台设计时充分考虑长远发展的要求，基于统一规划、统一布局、统一设计、规范标准、突出重点、分步实施进行建设，遵循以下设计原则。

2.1.1　标准化和规范化原则

设计要遵循国家、部以及有关信息产业的规范和标准，保证系统建设的规范化。整个系统规范标准的制定将完全遵照国家规范标准和有关行业规范标准，根据系统的总体结构和开发平台的基本要求，完成如下标准化的工作：设计标准的信息分类编码体系；建立统一、规范的系统数据库；建立符合国家标准要求的图示符号系统；设计统一的风格、界面风格和操作模式；建立开放式、标准化的数据输入、输出界面。

2.1.2　高可靠性原则

系统的可靠性主要是要防止单点故障，即避免因某一点出现故障而对整个系统的正常运行产生影响。从系统的拓扑结构、线路的连接、选用性能可靠的设备等几方面考虑，采用各种先进的技术以保证系统的可靠运行。在采用硬件备份、冗余等可靠性技术的基础上，采用相关软件技术提高对系统的管理机制、控制手段和事故监控的能力，以保证系统的可靠稳定运行。

2.1.3　可管理性原则

网络管理不仅涉及对设备管理，还应包括对用户业务的管理。设备管理的主要对象是网络结点，如服务器，其功能包括对设备的配置管理、故障管理、安全性管理、性能管理等。用户业务管理包括用户身份认证、授权，网络服务质量管理，安全管理，审计管理等。通过网络管理系统对网络进行管理，可以降低网络设备维护的成本，提高工作效率，也可增强对系统的整体控制能力。

2.1.4 可扩展性原则

平台应采用开放的、标准化的体系架构，具有良好的可扩展性。平台应支持快速配置、扩充和调整，从基础设施、数据管理、应用服务等多层面支持一体化架构下的灵活配置和扩充。随着未来检验数据的不断增长，采集对象的不断增加，需要在设计之初就充分考虑系统的可扩展性。

网络的可扩展性应重点考虑终端设备的扩充、网络节点数量的增加、网络带宽的提升及网络应用种类增加的可能性。

系统配置及软硬件选型原则应从设备的配置、链路及端口规划、IP 地址规划、路由规划、对未来业务的支持几方面来保障系统具有良好的扩展能力。

2.1.5 安全性原则

土壤普查成果数据涉及敏感信息，系统具有完善的安全保护体系，从物理安全、数据系统安全、网络系统安全、应用系统安全、安全管理等多个层面全面防护，确保系统安全。

2.1.6 先进性、成熟性、稳定性原则

不仅要采用当今国内先进系统软硬件架构，结合当前技术发展的新趋势和新潮流，把新技术融入平台顶层设计过程中，充分把云计算、大数据、人工智能、物联网、新型空间信息技术等新技术成果应用在平台中，创新土壤“三普”成果数据综合管理和业务应用的新模式，还应以实用性及技术的成熟性和简易性为准则，既要降低项目的实施风险，又要确保系统具有较长的生命周期。

2.1.7 开放性原则

系统应能支持多种硬件设备和网络系统，构建统一开放的平台体系架构。一方面，软硬件应支持二次开发，需采用标准数据接口，建立开放的数

据接入和系统集成机制，实现各类数据资源与贵州省农业农村厅数据的安全接入和业务系统的整合利用，后续可根据实际的工作要求进行调整、升级或迭代，使系统具有与其他信息系统进行数据交换和数据共享的能力。另一方面，用户可以共享利用平台提供的计算资源、存储资源、网络资源、数据资源、服务资源，快速搭建新场景应用。

2.1.8 国产化原则

国产化是落实“网络强国”的重要基石，坚持全方位国产化有利于国家构建全方位信息化自主体系，发展强大信息化产业，提升综合国力，推进保障国家安全。从基础软件、定制化软件、硬件设施、安全设施、密码设施等多方面落实国产化，强化国产化自主知识产权的构建，促进国产化产业链构建与迭代升级。

2.1.9 实用性原则

平台建设应以需求为导向，以实用性为目标，充分利用土壤普查成果数据，加以综合分析，解决农业农村业务应用和服务中的痛点，满足不同用户的应用需求。实现“让数据多跑路，群众少跑腿”，让信息化建设真正发挥价值。

2.1.10 整合资源原则

突出建设重点，注重高效实用，以土壤“三普”工作为契机，充分整合土壤、耕地、土地等数据资源，努力打造省级耕地大数据中心。

2.2 总体建设思路

贵州省第三次全国土壤普查成果应用平台通过搭建数据服务支撑能力平台，对“三普”基础数据、过程数据、成果数据等进行数据加工治理过程的安全监管、任务分配、溯源数据等安全管理。

数据管理分析系统主要面向贵州省市县三级农业部门技术人员、涉农科研院所及高校，根据贵州省“三普”成果数据库，对接社会积累的涉土数据，构建一体化的土壤数据库，开展土壤“三普”成果数据的集成管理和统计分析应用。

成果应用服务系统主要面向农业龙头企业、省级农民合作社示范社等农业种植企业大户和广大公众提供种植建议、施肥指导、土壤知识科普等，实现因土种植、因土施肥、因土改土，提高农业生产效率，促进农业生产经营管理信息化、精准化、智慧化。系统建设，一方面是为了实现成果数据的集中管理；另一方面是为了方便开展土壤普查成果的统计分析和综合利用，同时兼顾土壤普查成果对耕地质量提升、高标准农田建设服务的需要。整个系统采用“统一规范、分级实施、严控质量”的思路开展建设，具体如下。

2.2.1 顶层设计，统筹规划

充分考虑贵州省土壤“三普”成果数据的实际情况，从全局出发对平台进行全体系、全要素的规划和设计，按照“统一规划、统一标准、统一建设、资源整合”的要求，构建贵州省第三次全国土壤普查成果应用平台整体框架，建立统一的运行支撑体系。

2.2.2 应用导向，分步实施

以服务贵州省土壤普查成果数据应用信息化、智能化、精细化需求为导向，鼓励业务创新、管理创新和模式创新，分步实施，稳步推进，重点突出在土壤成果基础数据采集、大数据资源中心建设、数据共享交换、整合现有业务系统等方面实现突破，积极探索数据的新应用场景、新服务模式、体制机制协同创新，逐步形成平台开发建设和应用新格局。

2.2.3 互联互通，资源共享

制定统一的标准和保障体系，促进现有基础设施、应用系统和数据资源的整合共享，减少重复投入，避免“信息孤岛”现象。

2.2.4 健全制度，保障安全

建立数据开放与安全保密相结合的保障体系，一方面要建立土壤普查成果数据管理工作机制，健全数据标准规范体系，保障数据准确性、一致性和真实性；另一方面要强化运维管理和安全防护的规范和统一，保障信息安全，规范数据解密、脱敏、清洗、共享交换等环节的管理。同时加强数据管理安全技术研发，强化数据隐私保护，增强平台的安全服务支撑能力。

2.3 系统架构设计

2.3.1 总体技术架构

贵州省第三次全国土壤普查成果应用平台采用自主可控信息技术，遵循面向服务架构（Service-Oriented Architecture，SOA）模式来构建，具体包括IaaS层、DaaS层、PaaS层、SaaS层、Users层5个层次，以及配套标准规范体系及安全保障体系，其总体架构如图2-1所示。

图2-1 总体架构

（1）标准规范体系

标准规范是数据融合、平台建设、信息共享的基础，根据贵州省第三次全国土壤普查成果应用平台建设应用需求，通过对接各部门有关标准规范，构建一套数据标准体系，包括数据接口标准与数据标准等，以支撑和保障各业务系统之间协同工作、高效运转，实现贵州省第三次全国土壤普查成果应用平台标准化、规范化建设。

（2）安全保障体系

按照国家信息安全等级保护要求，依托贵州政务云、本地服务器为贵州省第三次全国土壤普查成果应用平台建立安全、稳定的基础运行环境保障体系，包括网络安全、物理安全、主机安全、数据安全、应用安全和管理安全等内容。

（3）IaaS 层

基于本地化部署现状，按照《第三次全国土壤普查省级数据库及成果应用系统建设技术指引》（国土壤普查办发〔2024〕7 号）要求及数据管理分析系统、支撑能力需求，进行本地硬件设备配置；基于贵州政务云公有域节点进行成果应用服务系统建设，搭建符合平台需求的基础运行环境，满足互联网上云资源使用，按照用户并发量，弹性部署，从而降低运维成本。

（4）DaaS 层

按照标准规范体系要求，基于分布式混合存储数据库集群和统一的数据访问调度接口，实现从数据接入、数据集成建库到数据资源建设的全流程管理，构建基础数据库、“三普”专项库、评价分析库、专题应用库、资源目录与元数据库及运行支撑数据库，并面向数据交换和公共服务建立共享数据库。

（5）PaaS 层

实现快速搭建应用的目标，提供多类支撑能力，包括数据加工处理中心、操作系统、数据库、中间件、国产 GIS 软件。在满足土壤成果管理基础上，支撑各专题场景应用能力。

（6）SaaS 层

基于云计算的全分布式 GIS 能力开放平台，满足大数据量下的空间搜索及分析，支持地理大数据的多样式表达。充分利用能力支撑层公共能力，基于微服务架构等先进技术，开发一批数字化应用系统，包括数据管理分析系统、成果应用服务系统。

（7）Users 层

基于业务管理层，实现多端应用，开发面向省市县农业管理部门、涉农企业、新型经营主体、科研院所的一体化应用平台，满足各类用户不同需求。

2.3.2 总体业务架构

贵州省第三次全国土壤普查成果应用平台主要应用于实现土壤规划“一张图”，在获取本省土壤“三普”数据的基础上，整合本省测土配方施肥、耕地质量变更调查、耕地质量地球化学调查等数据，采用主流先进、自主可控的技术建立农田大数据平台，汇聚土、水、肥三大农田基本数据，设计土壤“三普”数据应用系统的一体化门户，为开展土壤质量评价、土壤健康评价、土壤酸化改良、种植作物布局优化等提供数据支撑和科学决策，支持潜在的耕地开发潜力评价、障碍性土壤改造、种植适宜性评价、特色化产品优势区规划等应用（图 2-2）。

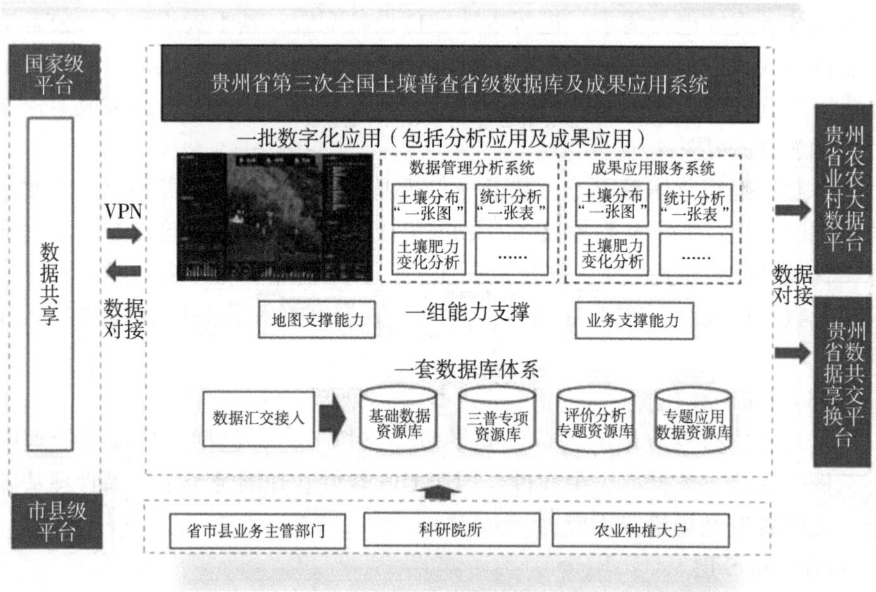

图 2-2 业务架构

贵州省第三次全国土壤普查成果应用平台面向政府部门、涉农企业、新型经营主体等提供统一的一个总门户，基于核心地图支撑能力和业务支撑能力，打造一批数字化应用，包括数据加工处理系统、贯穿省市县三级成果应用的数据管理分析系统，针对“三普”数据分析评价的科技研究应用，面向耕地保护、农技指导等各专题场景应用和面向公众服务的成果应用服务系统。

通过 VPN 专线将平台中“三普”专项数据库与国家工作平台进行数据

同步，按照贵州省数字政府要求开展贵州省第三次全国土壤普查成果应用平台与数字政府在政务云基础设施、数据共享交换方面的全面对接，实现土壤成果数据、专题应用数据等接入省级平台，实行数据共享。

贵州省第三次全国土壤普查成果应用平台在纵向上实现互联互通，接入各地市、县区管理用户，与贵州省各地市、县区涉农平台进行对接。

2.3.3　总体数据架构

以数据集成共享为原则，结合“块数据”理念和土壤普查成果数据管理业务需求，充分分析已有数据类型和来源，依托数字资源目录和元数据，建设省级土壤“三普”数据仓库，实现数据的汇集、治理、管理、服务与共享交换，具体数据架构如图 2-3 所示。

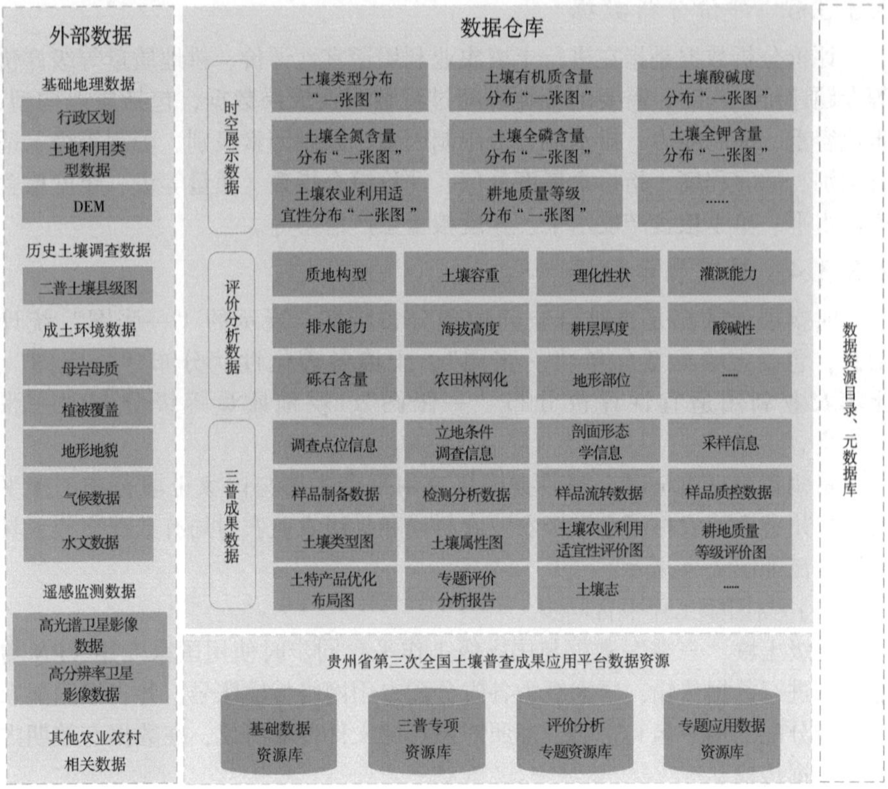

图 2-3　数据架构

2.3.3.1 外部数据

外部数据是指在开展土壤“三普”过程中，获取或采集的以电子化或其他形式记录、保存的各类相关信息，也包括原始数据经过统计、关联、挖掘或聚合等加工活动产生的衍生数据。根据数据类型特点，分为基础地理数据、历史土壤调查数据、成土环境数据、遥感监测数据和其他农业农村相关数据。

2.3.3.2 “三普”成果数据

“三普”成果数据是指在开展土壤“三普”过程中，根据外业调查和内业检测环节生成的过程数据以及经特定技术规范生成的标准数据成果，包括调查点位信息、立地条件调查信息、剖面形态学信息、采样信息、检测分析数据、土壤类型图、土壤属性图、土壤专题评价分析报告等。

2.3.3.3 评价分析数据

评价分析数据是指在进行土壤农业利用适宜性评价、耕地质量等级评价等专题评价工作时，需要的各类中间过程数据及成果数据，包括质地构型、土壤容重、灌溉能力、排水能力等限制因素、限制因素级别、限制等级、适宜类别、适宜程度、指标隶属度分值、评价综合指数、质量等级、年度粮食产能水平、单季粮食产能水平、年度粮食生产潜力等。

2.3.3.4 时空展示数据

时空展示数据是指结合空间地理分布特征，展示的“一张图”统计信息，包括土壤类型分布“一张图”、土壤各理化性状分布“一张图”、土壤农业利用适宜性评价分布“一张图”、耕地质量等级分布“一张图”等。

贵州省第三次全国土壤普查成果应用平台主要与国家土壤普查工作平台、贵州省农业农村厅、市级农业农村局和县级农业农村局有数据交换，具体数据流如图 2-4 所示。

（1）与国家工作平台同步

省级土壤“三普”数据与国家级工作平台同步时使用国家专用 VPN 传输网络进行数据传输，国家级为各省分配专用网络传输账号，各省根据国家级平台分配的用户名和密码，遵照对象存储文件传输协议，在数据有效期内进行数据传输。

（2）与贵州省农业农村厅数据同步

通过标准数据接口对贵州省农业农村厅下主管数据进行接入，包括土壤

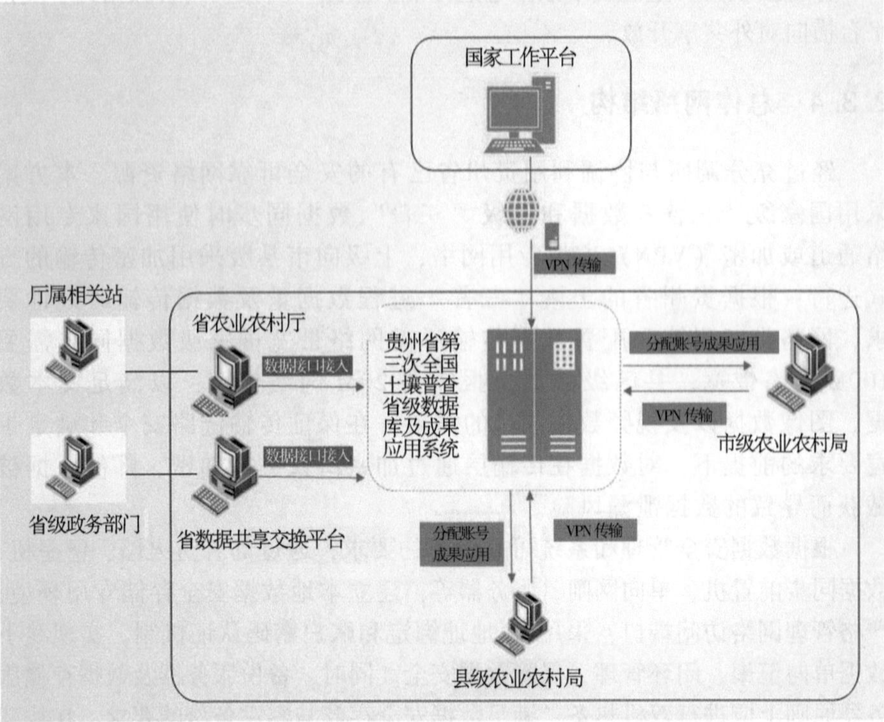

图 2-4　贵州省第三次全国土壤普查成果应用平台数据流

"三普"成果汇交数据、样品库管理系统数据、省农业农村大数据平台数据等，为平台分析利用提供丰富数据支撑。

（3）与市级农业农村局数据同步

市州级土壤"三普"数据验收汇交后，采用 VPN 传输通道交至省级；贵州省应用系统为各市州分配平台账号密码，市州级农业农村局可使用账号密码对平台数据进行管理利用，为市州级农业生产决策赋能，促进区域农业生产。

（4）与县区级农业农村局数据同步

县区级土壤"三普"数据验收汇交后，采用 VPN 传输通道交至省级；贵州省应用系统为各县区分配平台账号密码，县区级农业农村局可使用账号密码对平台数据进行管理利用，为县级农业生产决策赋能，促进区域农业生产。

(5) 与贵州省数据共享交换平台

针对互联网产生的成果数据通过标准数据接口对接贵州省数据共享交换平台横向对外共享开放。

2.3.4 总体网络结构

经过充分调研与协调利用贵州省已有的安全可靠网络资源，本方案采用国家级“三普”数据和省级“三普”数据同步时使用国家专用网络通道或加密（VPN）虚拟专用网络，上级向市县级采用加密传输的方式进行；根据贵州省的土壤“三普”过程数据量及数据传输时效性要求，网络带宽测算和配置数据传输所需网络带宽国家级数据同步需要100M网络带宽，县区级数据上报需要20M网络带宽，以满足文本数据、图像数据以及视频数据同步的需求。在保证传输链路安全和满足带宽要求的前提下，对数据在传输层通过加密协议进行加密，降低数据被截获而导致的数据泄漏风险。

根据数据安全管理和系统可靠运行的要求，通过部署防火墙、堡垒机、数据同步前置机、单向网闸、服务器等，建立本地数据安全存储专用环境，严格管理网络访问端口，采用IP地址绑定和账户密码认证机制，实现线下数据单向汇聚、闭环管理，保障数据安全。同时，备份服务器及数据存储服务器原则上应进行双机热备，满足数据安全存储与容灾备份的要求。在构建省级数据库、具备本地安全存储环境的基础上，利用安全可靠网络，在遵守数据同步策略的基础上，通过专用网络访问端口和指定通信协议类型及IP地址，定期获取本省数据资源。

平台建设按照《第三次全国土壤普查省级数据库及成果应用系统建设技术指引》（国土壤普查办发〔2024〕7号）及《第三次全国土壤普查数据库规范（修订版）》等相关要求，开展省级数据库建设，在获取本省土壤“三普”数据的基础上，按照主流先进、自主可控要求，利用遥感与地理信息系统、数据挖掘人工智能等技术手段，深入开展土壤障碍因子分析、特色农产品种植适宜性评价等专题应用。基于贵州政务云公有域提供成果应用展示。

综上所述，整体网络结构如图2-5所示。

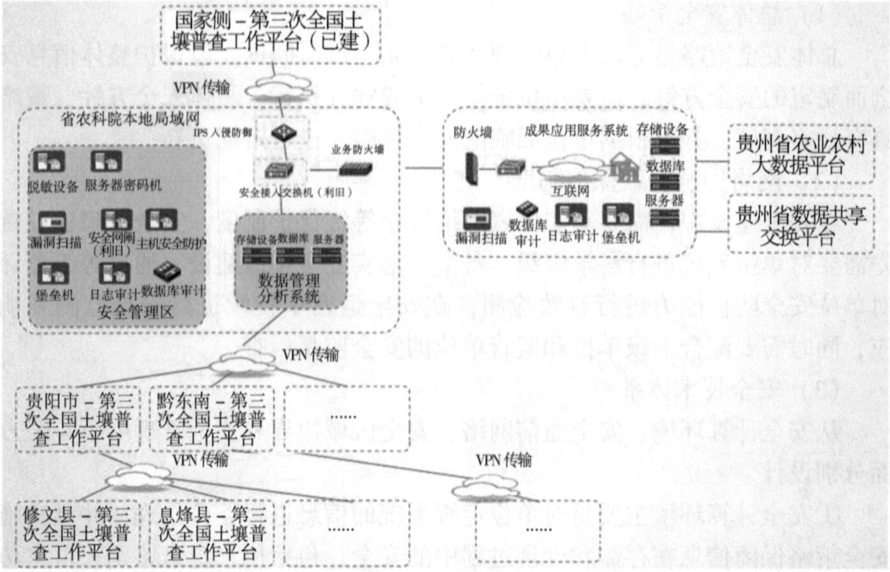

图 2-5　网络架构

2.3.5　总体安全架构

平台建设总体安全体系架构包括总体安全策略、网络安全等级保护制度、安全技术体系、安全管理体系和安全服务体系 5 个部分有机组成（图 2-6）。

图 2-6　安全架构

（1）总体安全策略

总体安全策略是立足本单位现状和将来一段时间内，以保护整体信息安全而制定的安全方针，需要单位全体人员遵守并执行。总体安全方针、策略具有战略高度，并且根据单位面临的安全风险，进行定期更新。

（2）网络安全等级保护制度

在安全建设中，需要落实国家网络安全等级保护制度，安全保障建设首先需要对单位系统进行科学定级、备案，落实安全整改建设，通过等级测评对单位安全防护能力进行有效检测，在安全运营中持续进行安全监测和响应，同时需要配合上级单位和监管单位的安全监督检查。

（3）安全技术体系

从安全计算环境、安全通信网络、安全区域边界和安全管理中心4个方面分别设计。

①安全计算环境主要是对单位定级系统的信息进行存储处理，并且实施安全策略保障信息在存储和处理过程中的安全，包括用户身份鉴别、自主访问控制、标记和强制访问控制、系统安全审计、用户数据完整性保护、用户数据保密性保护、客体安全重用、程序可信执行保护。

②安全通信网络主要实现在网络通信过程中的机密性、完整性防护，重点对定级系统安全计算环境之间信息传输进行安全防护。安全通信网络包括：安全审计、数据传输完整性保护、数据传输保密性保护、可信接入保护。

③安全区域边界主要实现在互联网边界以及安全计算环境与安全通信网络之间的双向网络攻击的检测、告警和阻断。安全区域边界包括：区域边界访问控制、区域边界包过滤、区域边界安全审计、区域边界完整性保护。

④安全管理中心主要实现安全技术体系的统一管理，包括系统管理、安全管理和审计管理。同时，按照权限划分来提供管理接口。

（4）安全管理体系

从安全策略、管理制度、管理机构、人员管理、安全建设管理和安全运维管理等方面分别设计。内容包括安全管理机构的组建，安全策略、管理制度、操作规程、记录表单等内容的安全管理制度体系的补充和完善，安全相关人员的录用、培训、授权和离岗管理，围绕信息系统全生命周期安全的安全建设管理和安全运维管理。

（5）安全服务体系

从信息系统安全角度出发，通过网络安全风险评估、安全加固、渗透测试、应急响应、安全重保、应急演练、安全培训等服务，与安全技术体系、安全管理体系相辅相成保障信息系统的安全风险始终处于可控、可管的安全状态。

为保证数据安全，数据传输使用国家专网和 VPN 账号密码虚拟专网进行，数据需要区分脱密数据和加密数据，各级平台需配置防火墙、单向网闸、SOC（Security Operations Center）安全平台、堡垒机、主机安全防护、漏洞扫描、入侵监测、日志审计、数据库审计、防病毒软件等产品；并将数据接入区和核心数据区进行分离，加强省级数据安全防护（图 2–7）。

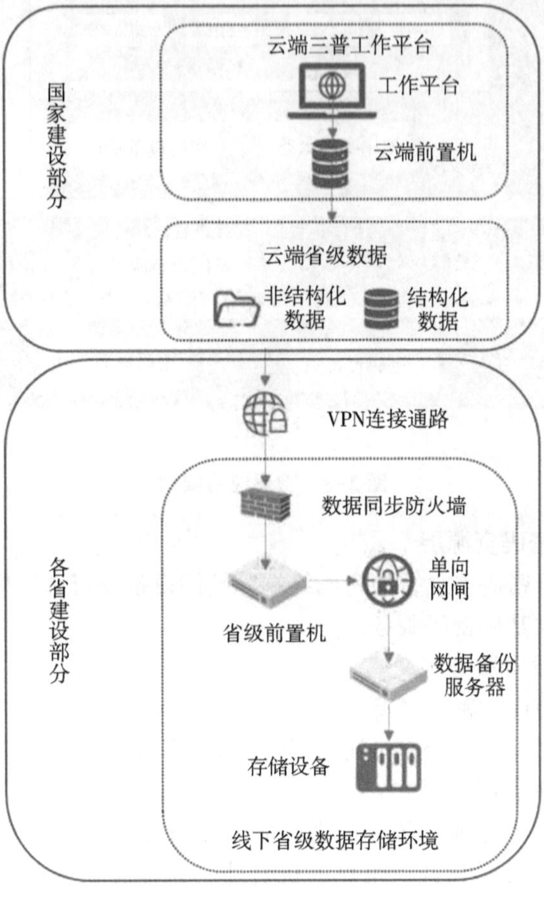

图 2–7　数据安全同步流程

2.3.6 密码应用架构

密码应用架构见图 2-8。

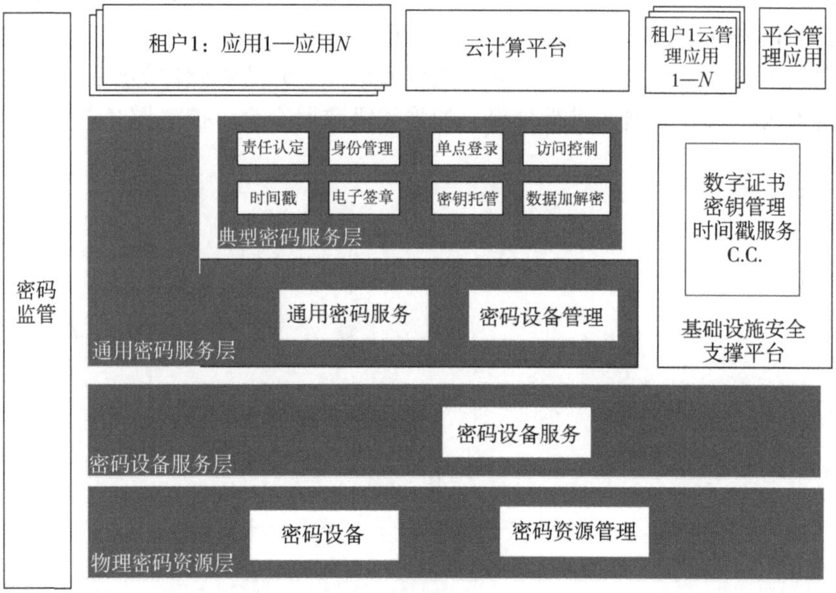

图 2-8　密码应用架构

(1) 物理密码资源层

由密码机、密码卡、智能密码终端等硬件设备及资源管理组成，向密码设备服务层提供基础密码服务。

(2) 密码设备服务层

提供租户使用的密码资源，为用户提供应用密钥管理、密码运算功能，通过标准的密码设备应用接口向通用密码服务层提供基础密码服务。

(3) 通用密码服务层

通用密码服务层通过统一的密码服务接口向典型密码服务层和应用层提供证书解析、证书认证、信息的机密性、完整性和不可否认性等通用密码服务。其中，密码设备管理层向上层管理应用提供统一的设备管理应用接口，为实现远程密钥管理、设备维护、设备监控等应用提供设备管理功能。

(4) 典型密码服务层

由访问控制、SSL加密、数字摘要、签名验证、加解密等服务组成，为本次项目提供对应的密码服务。典型密码服务层需要的密码功能通过调用通用密码服务实现。

(5) 基础设备安全支撑平台

包括数字证书、密钥管理、时间戳服务等。

2.4 技术路线

2.4.1 采用J2EE开发集成框架

J2EE是Java语言的应用，具有跨平台特性和开放性的突出优点，使其成为一种可靠、灵活、基于标准的架构。采用J2EE方案使得系统架构具有良好的开放性、可扩展性、集成性、灵活性、稳定性和安全性，能有效地提高工作效率和提高系统稳定程度。

根据项目访问量大、安全性高等特点，决定采用J2EE作为技术构架，其结合的优势如下。

①选用基于XML的成熟消息软总线（Messaging Bus）技术实现不同应用系统的集成，支持消息队列和订阅/发布的消息传输机制。

②利用图形化的应用适配器技术实现与其他系统的连接。

③充分利用Web Service技术实现不同服务信息互通互联。

④利用业务流程管理（BPMS）技术，实现信息交换业务流程的自动化，支持数据交换流程的动态调整。

⑤采用Java技术以保证系统的跨平台性和兼容性。

⑥支持PKI等加密技术的安全保障体系，实现信息安全交换。

项目整体Web应用程序共享一个基本的体系架构，该体系架构由三个基本层组成：Web服务器用于服务静态内容，例如图像、JavaScript文件和样式表；应用层用于处理业务逻辑，例如接受订单或者选择显示的内容；后台数据存储能够持久保存信息，并且能够基于权限和规则对其提供访问功能。

2.4.2 面向服务的软件架构（SOA）

基于B/S结构、高度兼容的国产化浏览器；集成现代设计、强大功能以及用户友好性的移动终端系统。

根据平台建设系统的特点，系统软件架构将采用面向服务的软件架构SOA。完整的SOA架构由五大部分组成，分别是基础设施服务、企业服务总线、关键服务组件、开发工具、管理工具等。

系统设计与开发过程中尽可能将系统提供对外服务的应用程序功能封装和发布为Web服务，通过服务注册和服务目录，向服务消费者提供Web服务，使系统的功能可以采用松耦合的方式实现集成，并使平台提供功能服务具有可扩展性。

SOA优点如下。

①支持多种客户类型：借助精确定义的服务接口和对XML、Web服务标准的支持，可以支持多种客户类型，包括PDA、手机等新型访问渠道。

②更易维护：服务提供者和服务使用者的松散耦合关系及开发标准的采用确保了该特效的实现。

③更好的伸缩性：依靠服务设计、开发和部署所采用的架构模型实现伸缩性。服务提供者可以彼此独立调整，以满足服务需求。

④更高的可用性：该特性在服务提供者和服务使用者的松散耦合关系上得以体现。

2.4.3 基于构建技术的系统搭建模式

面向构件技术整合了传统的构件技术、模型驱动技术和面向服务技术。构件的意义超越了技术层面的代码集合，真正做到与业务层面的内容相映射。首先，构件将成为表达业务需求的最小单元，在特定行业中，通过积累可以形成相对完备的客户业务需求构件库，以构件组装的形式快速搭建客户的应用；以构件修改和构件增减的方式快速满足客户业务需求的变化。其次，从构件的技术实现角度来说，可以用4个要素来陈述软件构件模型：构件本身、该构件的插口、构件与其他构件协作的能力，以及构件的使用者。

面向构件的开发是一种软件开发手段，在开发周期的不同阶段和不同方面，包括需求分析、结构、设计、建立、测试、上线、支撑性技术架构、项目管理等，都以构件为基础，同时为了使构件可随时用于组装，这些构件必须作为项目的零件来建造。

平台建设将采用面向构件的系统分析与设计方法。

2.4.4　数据可视化

平台建设系统中的数据可视化主要包括标准图表（柱状图、折线图、饼状图等）、时间序列、层级树状图、时间轴、地图、网络图和信息图等多种可视化效果。系统的 Javascript 可视化技术中的 D3（Data Driven Documents）进行系统的前端可视化的设计和功能实现。

采用 D3 技术主要有以下优点。

①D3 支持 CSS3、HTML5 以及 SVG 等多种形式的渲染。

②D3 能够帮助开发者快速地把数据转化为图形，遵守 Web 标准。

③结合强大的可视化组件和基于 DOM 操作的数据驱动方法，可以在所有现代浏览器上实现完整功能，而不限制于某个固定框架。

④D3 能够提供大量除线形图和条形图之外的复杂图表样式，如树形图、圆形集群和单词云等上百种图形样式。

⑤可展示业务需求等内容，充分理解业务逻辑，系统梳理业务数据，先整体后具体，围绕业务需求进行排版布局、图表选用、地图渲染、色彩搭配等设计工作。

⑥能够注重信息获取效率，呈现内容要有焦点、有主次。可以通过图表等可视化方式清晰、直接展现所需信息，版面风格统一布局、结构和内容一致，核心数据、统计数据在首页进行展示，详细数据、支撑分析等数据可在二、三级页面进行展示。部分细节数据可暂时隐藏，用户需要时可通过鼠标点击等交互方式唤起。

第三章　平台建设内容

3.1　基础设施建设

3.1.1　云资源

成果应用服务系统主要用户对象涉及农业种植企业大户，系统基于贵州政务云进行部署，承载网络为互联网，结合用户规模及并发进行云资源、存储资源、数据库测算，具体配置如表 3-1 所示。

表 3-1　云资源需求

序号	产品	规格	网络	用途	单位	数量
一		公有域云服务				
1	ECS 服务器	CPU：64 核 内存：128 G 系统：国产化服务器操作系统 系统盘：40 G 数据盘：SSD 硬盘 50 G（1 个） 网络带宽：100 M	互联网	集群管理节点	台/年	1
2	云数据库（RDS）	32 核 64 G	互联网	系统库	台/年	1
3	SSD 云盘	2022 年试点期间 5 个试点县成果数据存储量共 55 G，平均每个试点县 11 G，按照贵州全省 88个县进行测算，共需 = 55÷5×88 = 968 G，考虑一定的冗余	互联网		G/年	970
4	公网 IP	网络带宽 100 M	互联网		个/年	/

3.1.2　硬件设施

《第三次全国土壤普查省级数据库及成果应用系统建设技术指引》（国土壤普查办发〔2024〕7 号），明确要求各省相关部门建设本地存储环境条件，获取本省数据资源。各省级土壤普查办根据《信息安全技术　网络安全等级保护基本要求》（GB/T 22239—2019），通过部署网络防火墙、堡垒机、网闸、漏洞扫描、日志审计等安全管理设备，以及数据同步前置机、数据管理服务器、磁盘阵列等，建设本地数据安全存储专用环境条件。数据库服务器及数据存储设备原则上应采用双机热备机制以满足数据安全存储与容灾备份的要求。在完成省级数据库建设并具备数据安全存储环境的条件下，向技术支撑单位申请并获取本省土壤“三普”数据同步 VPN 连接账号，采用 IP 地址绑定和账户密码认证机制，定期获取本省数据。根据土壤“三普”工作特点及数据流向特征，将土壤“三普”数据按阶段划分为基础数据、过程数据和成果数据，其中基础数据主要包括土地利用现状图、全国第二次土壤普查土壤图、地形图、遥感影像等，主要通过省级部门积累、协调等方式获取；过程数据包括样点数据、调查采样数据、样品流转数据、检测分析数据等，主要通过国家土壤“三普”工作平台数据同步等方式获取；成果数据包括数字化图件成果、文字成果等，主要通过各级成果编制形成。

由于本地化部署的服务器设备购置时间较长，且不满足 2023 年财政部工信部印发 7 大类最新版 IT 政府采购需求标准。平台建设计划按照《第三次全国土壤普查省级数据库及成果应用系统建设技术指引》（国土壤普查办发〔2024〕7 号）要求，进行以下设备配置。

1 台前置机：用于定时获取云端新增数据，按执行策略进行数据同步。

1 台数据备份服务器：通过单向网闸与前置机进行逻辑隔离，线下数据摆渡。配置数据摆渡规则，包括指定传输端口及绑定 PP 地址、数据类型及数据流向等，确保数据单向传输。当省级前置机中数据同步到数据备份服务器后，应及时删除前置机中已同步的数据，减少数据泄漏风险，进一步提高数据安全。

2 台存储设备：2022 年试点期间 5 个试点县基础数据存储数据量达到 3 T，平均每县0. 5 T。以此推算全省 88 个县存储数据达到44 T。试点县样点数量为3 479个，过程数据存储量约800 G。贵州省 88 个县级涉及采样点为113 352个，其中表层采样点数为11 017个，剖面采样点数为3 182个。参考 2022 年“三普”土壤数据 5 个试点情况进行存储资源估算，存

储资源 = 800÷3 479×113 352 = 26 065 G，考虑到一定冗余，按照 30 T 进行存储资源配置。在数据加工治理、脱敏中同时还会产生一些中间过程数据，考虑数据安全及溯源问题，中间过程数据同时也需要进行存储备份。平均一个县 20 G，全省需要约 20 T。根据《第三次全国土壤普查省级数据库及成果应用系统建设技术指引》（国土壤普查办发〔2024〕7 号），按照1：1备份存储。

1 台应用服务器：用于支撑数据管理分析系统。

1 台数据库服务器：支撑数据管理分析系统，建成数据库包括基础数据资源库、“三普”专项资源库、评价分析专题资源库、专题应用数据资源库。

1 台算力服务器：选用熵权法、随机森林、支持向量机、卷积神经网络等多种人工智能方法构建耕地质量、土壤适宜性、特色农产品等问题诊断的综合评价指标体系，通过模型精度评估和多模型对比诊断区域内地块的诊断问题；构建双向长短期记忆网络模型，基于样本数据训练与验证模型，并通过模型训练、应用模型分析大数据、分析结果判别与样本库更新的迭代方式实现知识挖掘模型，最后形成“一地一策”的耕地退化治理、施肥推荐、特色产品布局方案。

3.2 软件系统建设

3.2.1 基础软件设计

针对本地新增的前置机、数据备份服务器、应用服务器、数据库服务器、算力服务器配置国产化操作系统、国产化数据库、中间件、GIS 系统。

4 套国产化服务器操作系统：部署于新增的前置机、数据备份服务器、应用服务器、算力服务器等设备，每台设备 1 套。

1 套国产化数据库：部署于本地数据库服务器。

1 套国产化中间件：部署于本地应用服务器。

3.2.2 定制化软件开发系统设计

3.2.2.1 系统概述

基于主流成熟的空间信息、大数据等技术，融合现有土壤“三普”

工作平台及数据，建立省级土壤数据应用中心，打造一套完善的智能化分析决策应用平台，在保证土壤普查运维工作顺利运行的同时，使土壤数据的应用具备高效率的统筹规划能力。与国家第三次全国土壤普查工作平台对接，传输“三普”外业和内业的全部原始数据到成果管理应用平台，对原始数据、过程数据和成果数据进行汇总管理。与省级成果数据库连接，建立涉农数据资源共享体系，打通数据孤岛，建立立体的数据集成管理与应用系统平台。

3.2.2.2　功能架构

以服务第三次全国土壤普查智能化、精细化需求为导向，开展“三普”成果数据与其他社会土壤数据的采集、加工、处理，实现各类数据资源的汇聚与集中统一管理，搭建“三普”数据管理分析系统和成果应用服务系统，加快土壤普查数字化、管理服务数字化、土壤信息数字化改造升级，为土壤普查建设提供信息化支撑。平台建设基于本地局域网建设数据管理分析系统，基于贵州政务云互联网建设成果服务应用系统（图 3-1）。

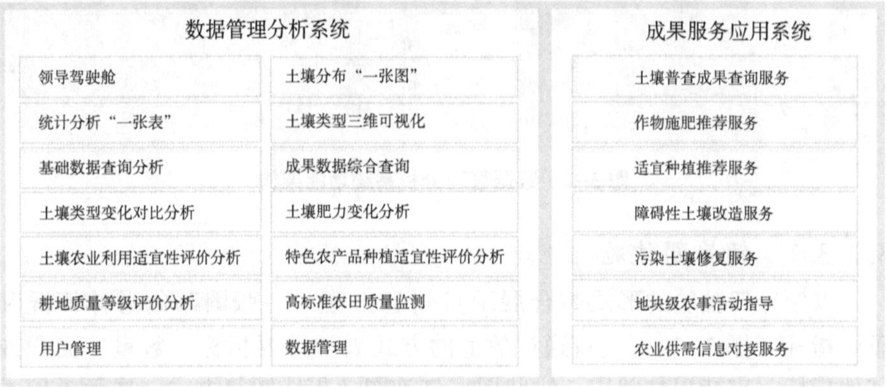

图 3-1　系统架构

3.2.3　数据管理分析系统

数据管理分析系统主要是面向省、市、县不同级别的农业农村局，贵州省内涉农科研单位及高等院校相关人员，通过在局域网上部署，对“三普”成果数据进行数据可视化、数据统计、数据分析和数据管理等。

数据管理分析系统针对省、市、县三级农业部门技术人员，涉农科研院所及高校。系统部署在贵州省农业科学院本地局域网内，通过 VPN 传输通道进行各部门数据汇交。主要功能包括：领导驾驶舱、土壤分布“一张图”、统计分析“一张表”、土壤类型三维可视化、基础数据查询分析、成果数据综合查询、土壤类型变化对比分析、土壤肥力变化分析、土壤农业利用适宜性评价分析、特色农产品种植适宜性评价分析、耕地质量等级评价分析、高标准农田质量监测、耕地土壤富硒区域分析、用户管理、数据管理和数据集成中心（图 3-2）。

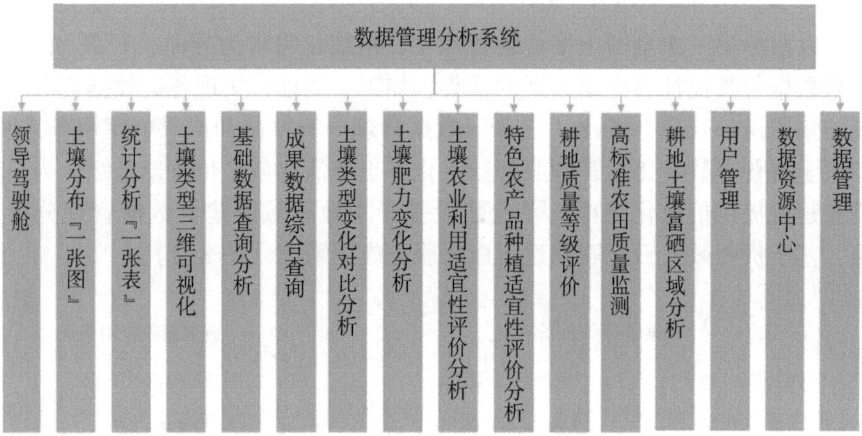

图 3-2 数据管理分析系统功能架构

3.2.3.1 领导驾驶舱

以领导驾驶舱的形式综合展示贵州省土壤“一张图”的总体概况和重要指标（图 3-3）。支持通过数值的方式展示重要指标的数量、面积或其他指标；支持以柱状图、饼状图、气泡图、折线图等方式，展示土壤类型、重金属、富硒区、肥力、坡度、质量、农业适宜性、样点等指标的区域分布或变化对比情况；支持通过地图下钻技术，深入解析每个行政区划的详细指标。

（1）指标展示

通过数值的方式，展示贵州省全省土壤类型指标，包括土类数量、亚类数量、土属数量、土种数量及各类型的面积，并在地图上展示分布情况。通过数值的方式展示土壤表层样点数量、土壤剖面样点数量，并在地图上用聚合或热力图的方式展示样点分布情况。

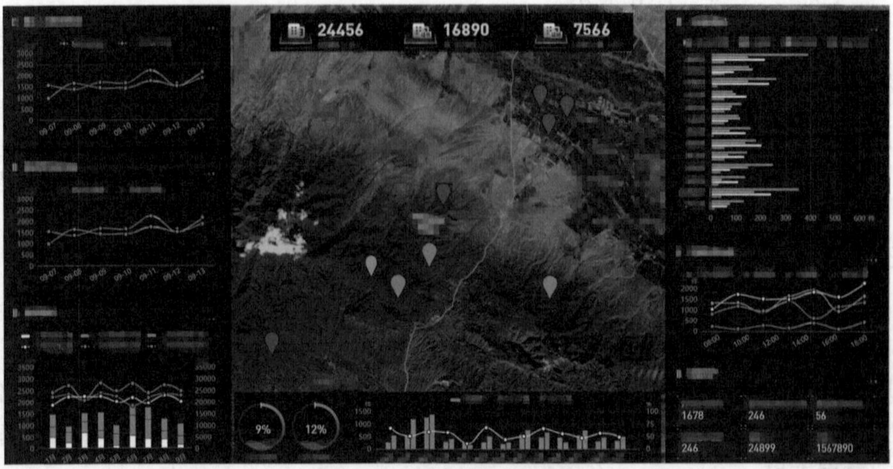

图 3-3　领导驾驶舱示意图

（2）统计面板

通过饼状图、柱状图，展示贵州省各级行政区的土壤类型、土壤肥力、土壤农业利用适宜性评价结果、坡度分布、耕地质量等级、土壤重金属分布、土壤富硒区的分布对比情况。分布对比的数值包括数量和面积两部分。通过气泡图的方式，展示不同类型土壤样点在该区域的数量占比。通过折线图的方式，展示贵州省“二普”和“三普”土壤类型、土壤肥力、土壤农业利用适宜性评价结果、土壤重金属分布等指标的对比变化情况，研判贵州省土壤的变化趋势。

（3）行政区定位及下钻

界面提供贵州省各级行政区选择器，支持选择对应的行政区查看该行政区下的指标展示和统计面板。支持自定义查询或以选择的方式开展行政区下钻，支持从省级地图下钻到市级行政区和县级行政区，支持下钻后快速回到上级行政区。支持根据地图下钻展示级别，以土壤类型为例，支持按土类、亚类、土属、土种 4 类层级展示不同粒度的土壤类型在该区域的面积占比。

（4）地图联动

支持重要指标与地图的联动功能。对具有空间分布的指标，支持点击该指标数值后，展示该指标在贵州省域范围的对应分布情况。对点数据支持按照聚合或热力图的方式展示。

(5) 二三维一体化展示

支持地图底图的二三维切换，支持在二维地图或三维地图下展示上述指标数值、统计面板和分布情况，为用户带来更身临其境的可视化效果。

(6) 样品库统计

统计样品库总数和各类样品数量排名情况。可查看样品库当日出入库情况，出库多少件，入库多少件。该数据从样品库管理系统进行接收。

3.2.3.2 土壤分布“一张图”

土壤分布“一张图”主要是将贵州省及下辖各市/县的所有土壤类型分布图、土壤属性分布图等图件以地图服务形式发布在地图上，以图层树和区划树控制的方式，用户可分行政区划、图件类型在地图上选择展示，此“一张图”可作为贵州省农业业务的土壤底图，为未来农业规划布局提供基础数据支撑。

图层树控制：勾选图层，控制对应图层在地图上的显隐。

区划树控制：点击区划，地图快速定位至对应区划范围。

数据名称搜索：输入关键字，在图层树中搜索包含关键字的所有图层。

已打开数据：读取图层树的勾选结果，浮窗展示已勾选显示的所有图层，支持一键关闭所有已打开图层。

土壤分布“一张图”包含核心地图工具，包含分屏、查询、测量、标签、清除和全图。

分屏：支持水平分屏、垂直分屏、四分屏、六分屏。每个屏幕展示“已打开数据列表”，支持控制图层显隐以及图例展示。

查询：支持查询地图属性。

测量：支持测量长度、位置、面积。

标签：可标记点的位置和信息以及当前打开的所有图层信息。下次打开标签时，跳转至标签位置，同时打开当时的图层。

清除：清除所有测量痕迹。

全图：支持切换至全国范围显示。

3.2.3.3 统计分析“一张表”

统计分析“一张表”是一种数据汇总和呈现的方法，根据不同分类要求对各级土壤“三普”成果进行汇总统计，以表格形式简化和组织，便于用户理解和使用。统计类型包括土壤类型统计表、土壤性状统计表、土壤农业利用适宜类统计表、土特产品土壤适宜性统计表和耕地质量等级统计表。

（1）土壤类型统计表

此类表格将根据土壤类型进行分类，按区域统计贵州省不同类型土壤的分布情况，包括土壤类型的面积、面积占比等信息。

（2）土壤性状统计表

此类表格专注于土壤的物理和化学特性，如 pH、有机质含量、全氮、全磷、全钾含量等，以及这些性状在不同维度下的统计分布，包含按区域统计、按土壤类型统计和按土地利用类型统计。

（3）各地类典型理化指标含量特征值统计表

按土地利用类型统计典型理化性状含量的特征值指标，包括最大值、最小值、平均值、标准差等。

（4）土壤农业利用适宜性统计表

包含土壤农业利用适宜性分布面积统计表、土地利用错配面积统计表和耕地后备资源面积统计表。此类表格根据土壤的农业利用适宜性进行分类，如哪些土壤适宜做耕地，哪些土壤适宜做园地，哪些土壤适宜做林地，哪些土壤适宜做林地，同时对贵州省适宜性评价结果与土地利用现状的不一致情况进行统计，在此基础上，统计耕地后备资源面积。

（5）土特产品土壤适宜性统计表

贵州省不同土特产品的土壤适宜性优势区、适宜区、不适宜区的面积统计表，以及不同适宜性级别在不同土地利用类型、地形条件下的面积占比。

（6）耕地质量等级统计表

包含贵州省耕地质量等级面积统计表、耕地等级属性特征分布面积统计表和耕地质量平均等级统计表。此类表格将耕地按照质量等级进行分类，统计各级耕地在不同行政区和不同土壤类型中的分布，包括分布面积和面积占比信息；统计各级耕地的各属性特征面积分布统计表；按区域统计该区域耕地质量平均等级。

在进行统计分析时，用户可以根据自己的需求选择不同的行政区级别（如省、市、县等）、统计粒度（如土壤类型的详细程度）和计量单位（如 hm^2、亩、m^2 等），以定制化获取所需信息。

3.2.3.4　土壤类型三维可视化

采用基于地理孪生的三维数字展示技术，对贵州省土壤分布和土壤剖面进行立体效果表达，形成贵州省土壤三维“一张图”，展现贵州省典型土壤类型在贵州省不同地形下的分布情况和典型土壤剖面分层结构，建立一个互动性强、易于理解的动态展示窗口。

（1）贵州省三维地形地图展示

利用贵州省的数字高程模型（DEM），以三维数字化的方式，精确地模拟和展现贵州全省的地面地形信息。当地图放大后，可浏览到局部地形特征。这些细致的地形信息，对于研究土壤生长环境具有极高的参考价值。因为土壤的生长环境与其所在的地形密切相关，不同的海拔高度、坡度、坡向等因素，都会对土壤的形成和发育产生重要影响。

（2）贵州省土壤类型分布展示

在三维地形基础上，叠加贵州省典型土壤类型图层，清晰展示贵州省典型土壤类型（黄壤、黄棕壤、石灰土、紫色土、潮土、沼泽土、粗骨土、水稻土）在全省范围内的分布。

（3）贵州省土壤整段剖面查询、展示

利用第三次全国土壤普查采集的土壤剖面样品信息及照片，将贵州省不同土壤类型的土壤剖面以三维立体的形式进行数字化重建，展示内容包括土壤剖面的若干发生层次、颜色、质地、结构、新生体等，并提供地上种植作物示意。通过展示发生层的顺序及变化情况，反映土壤的形成过程及土壤性质。

用户可查询贵州省任一土壤类型，查询后地图浮窗展示该土壤类型的所有典型剖面列表，点击任一剖面样点编号，可浏览该土壤剖面的三维立体模型，剖面支持360°旋转展示，每个土壤剖面配备对应的语音解说及图文说明。文字部分用于介绍该土壤类型的海拔分布、地带性植被等相关知识，图片部分用于展示土壤形成环境。

（4）贵州省土壤分层三维抬升展示

利用第三次全国土壤普查采集的土壤样点数据和剖面数据，基于土壤三维模型工具自动化生成土壤的分层三维模型，并通过地理孪生的方式加载到贵州省土壤三维“一张图”上。支持通过抬升的方式，直观展示土壤类型在三维地图上的分层效果。支持用户通过区域选择、自定义绘制等方式输入查询条件后展示结果。支持三维模型地上地下一体化展示，通过地下土壤分层和地上农作物种植情况、地形情况叠加分析和研判贵州省土壤的利用情况及适宜性。土壤三维抬升展示效果如图 3-4 所示。

图 3-4　土壤三维抬升展示效果

（5）三维地图操作

在三维数字展示中，平台支持一系列地图操作，用户可根据实际需要在后台控制工具前端使用（表 3-2）。

表 3-2　三维数字展示地图工具列

工具类	工具	工具描述
相机	播放地球动画	播放地球的三维动画
	退出地球动画	退出地球的三维动画
	相机控制-前进	支持通过控制按钮控制相机前进
	相机控制-后退	支持通过控制按钮控制相机后退
	相机控制-左移	支持通过控制按钮控制相机左移
	相机控制-右移	支持通过控制按钮控制相机右移
	相机控制-上升	支持通过控制按钮控制相机上升
	相机控制-下降	支持通过控制按钮控制相机下降
	相机控制-左转	支持通过控制按钮控制相机左转
	相机控制-右转	支持通过控制按钮控制相机右转
	相机控制-抬头	支持通过控制按钮控制相机抬头
	相机控制-低头	支持通过控制按钮控制相机低头
	相机控制-停止	支持通过控制按钮控制相机停止
图层树	定位图层	双击图层定位图层中心位置
	显示图层	勾选控制图层显隐
	隐藏图层	勾选控制图层显隐
	获取图层树信息	右键图层，获取图层详细信息

（续表）

工具类	工具	工具描述
动画导览	添加动画导览	根据展示效果，可根据实际需要添加动画导览
	修改动画导览	支持修改动画导览
	播放动画导览	支持播放动画导览
	暂停动画导览	支持暂停动画导览
	继续播放动画导览	支持继续播放动画导览
	停止动画导览	支持停止动画导览
	删除动画导览	对不需要的动画导览，允许删除
标签	添加标签	支持添加地图标签
	修改标签	支持修改标签
	删除标签	支持删除标签
	清空所有标签	支持清空所有标签
	定位标签	双击标签，可快速定位至标签所在处
	显示标签的弹出窗口	支持显示标签的弹出窗口
	隐藏标签的弹出窗口	支持隐藏标签的弹出窗口
标注	添加标注	支持在特定点位添加标注
	修改标注	支持修改标注内容
	删除标注	支持删除标注
	清空所有标注	支持一键清空所有标注内容
	显示所有标注	支持一键显示所有标注
	隐藏所有标注	支持一键隐藏所有标注
	修改标注的属性：图片	支持修改备注的属性，如图片内容
	修改标注的属性：图片大小	支持修改备注的属性，如图片大小
	修改标注的属性：显示文本	支持修改备注的属性，如显示文本
	修改标注的属性：文本颜色	支持修改备注的属性，如文本颜色
	修改标注的属性：文本背景颜色	支持修改备注的属性，如文本背景颜色
	修改标注的属性：文本边框颜色	支持修改备注的属性，如文本边框颜色
	修改标注的属性：是否显示牵引线	支持修改备注的属性，如是否显示牵引线

（续表）

工具类	工具	工具描述
渲染材质设置	内置渲染材质	内置图层渲染材质，包括 PBR 材质、Lambert 材质、Basic 材质、Phong 材质等
	添加渲染材质	支持添加渲染材质
	修改渲染材质	支持修改渲染材质
	删除渲染材质	支持删除渲染材质
地图服务图层	初始化图层服务	设置地图初始化图层，包括基础地理信息等
	添加图层服务	根据业务实际需要，添加图层服务
	显示图层服务	控制图层服务显隐
	隐藏图层服务	控制图层服务显隐
	删除图层服务	删除对应图层服务
多线段	添加多线段	支持线段绘制功能，支持添加多线段
	修改多线段	支持修改多线段
	删除多线段	支持删除多线段
	清空多线段	支持清空多线段
	定位多线段	支持定位线段位置
	显示指定的多线段	显示指定的多线段
	显示所有的多线段	显示所有的多线段
	隐藏指定的多线段	隐藏指定的多线段
	隐藏所有的多线段	隐藏所有的多线段
	获取指定的多线段信息	获取指定的多线段信息
	设置坐标值	读取线段端点坐标值，支持设置新的坐标值
	设置新的样式	设置新的样式
	设置新的厚度	设置新的厚度
	设置新的颜色值	设置新的颜色值
	设置新的流速	设置新的流速
	设置新的亮度	设置新的亮度
	设置新的形状	设置新的形状
	设置是否做深度检测	设置是否做线段深度检测

（续表）

工具类	工具	工具描述
多边形	添加多边形	添加多边形
	修改多边形	修改多边形
	删除多边形	删除多边形
	清空所有多边形	清空所有多边形
	定位多边形	定位多边形
	显示指定的多边形	显示指定的多边形
	隐藏指定的多边形	隐藏指定的多边形
	高亮显示多边形	高亮显示多边形
	取消高亮多边形	取消高亮多边形
	获取指定的多边形信息	获取指定的多边形信息
矢量 SHP 数据	添加 ShapeFile	添加 ShapeFile
	修改 ShapeFile	修改 ShapeFile
	删除 ShapeFile	删除 ShapeFile
	清空 ShapeFile	清空 ShapeFile
	定位 ShapeFile	定位 ShapeFile
	显示 ShapeFile	显示 ShapeFile
	隐藏 ShapeFile	隐藏 ShapeFile
	显示全部 ShapeFile	显示全部 ShapeFile
	隐藏全部 ShapeFile	隐藏全部 ShapeFile
	打开 ShapeFile	打开 ShapeFile
	获取 ShapeFile 信息	获取 ShapeFile 信息
工具	多边形剖切	绘制多边形，进行多边形剖切
	停止多边形剖切	停止多边形剖切
	开始面剖切	开始面剖切
	停止面剖切	停止面剖切
	开始体剖切	开始体剖切
	更新体剖切	更新体剖切
	停止体剖切	停止体剖切
	设置测量模式	设置测量模式
	开始测量	开始测量

（续表）

工具类	工具	工具描述
工具	停止测量	停止测量
	单条线段求交	单条线段求交
	多条线段求交	多条线段求交
	顶点编辑	顶点编辑
	退出顶点编辑	退出顶点编辑
	开始天际线分析	开始天际线分析
	停止天际线分析	停止天际线分析
	导出天际线	导出天际线
	开始视域分析	开始视域分析
	停止视域分析	停止视域分析
	开始水淹分析	开始水淹分析
	停止水淹分析	停止水淹分析
	开始通视分析	开始通视分析
	停止通视分析	停止通视分析
	开始开敞度分析	开始开敞度分析
	停止开敞度分析	停止开敞度分析
	开始填挖方分析	开始填挖方分析
	停止填挖方分析	停止填挖方分析
	开始土壤分层抬升展示	开始土壤分层抬升展示
	停止土壤分层抬升展示	停止土壤分层抬升展示
	开始日照分析	开始日照分析
	停止日照分析	停止日照分析
	开始坡度坡向分析	开始坡度坡向分析
	停止坡度坡向分析	停止坡度坡向分析
	开始等高线分析	开始等高线分析
	停止等高线分析	停止等高线分析
	显示分析面板窗口	显示分析面板窗口
	隐藏分析面板窗口	隐藏分析面板窗口
	使用视频流替换纹理	使用视频流替换纹理
	使用图片替换纹理	使用图片替换纹理
	使用网页替换纹理	使用网页替换纹理
	恢复纹理	恢复纹理

（续表）

工具类	工具	工具描述
设置	显示隐藏指北针	显示隐藏指北针
	设置指北针位置	设置指北针位置
	设置鼠标拾取	设置鼠标拾取
	设置地图模式	设置地图模式
	获取地图模式	获取地图模式
	设置高亮的颜色	设置高亮的颜色
	设置水平视场角	设置水平视场角
	设置交互开关	设置交互开关
	设置交互模式	设置交互模式
	获取交互模式	获取交互模式
	设置地形透明度	设置地形透明度
	设置鼠标同步	设置鼠标同步
设置面板	设置控制参数	设置控制参数
	获取控制参数	获取控制参数
	设置后期参数	设置后期参数
	获取后期参数	获取后期参数
	设置相机参数	设置相机参数
	获取相机参数	获取相机参数
	设置地图模式	设置地图模式
	获取地图模式	获取地图模式
编辑助手	设置参数	设置参数
	开始编辑	支持对指定图层进行编辑
	取消编辑	取消编辑
	完成编辑	完成编辑

（6）应用场景

展示贵州省典型土壤类型（黄壤、黄棕壤、石灰土、紫色土、潮土、水稻土等）在全省范围内的分布。在贵州省全境范围内根据土壤分布特征设置断面，每个断面4~5个采样点，每个采样点显示不同的土壤类型。断面需穿过贵州典型土壤的分布区域，如高原黄棕壤分布于黔西北的高原山地和黔北、黔东的部分山地，则断面需穿过对应山地，便于在断面中标识黄棕壤。

展示土壤剖面详情。选择某个土壤类型后，地图浮窗展示该土壤类型的所有典型剖面列表，点击任一剖面样点编号，可浏览该土壤剖面的三维立体模型，剖面支持360°旋转展示，每个土壤剖面配备对应的语音解说及图文说明。文字部分用于介绍该土壤类型的海拔分布、地带性植被等相关知识，图片部分用于展示土壤形成环境。

展示土壤分层模型。通过选择或自定义绘制的方式确定要分析的区域，点击土壤分层抬升展示，可通过抬升的方式展示该区域的地上地下一体化三维模型，包括地上的地形、土地利用和地下土壤分层模型。土壤分层模型需要通过三维模型生产工具，基于采样点和剖面信息自动生成，并通过地理孪生技术加载到贵州省三维“一张图”场景中。

可利用土壤类型列表和搜索框，寻找目标土壤类型。

3.2.3.5　基础数据查询分析

基础数据综合查询主要是支持用户根据实际需要检索空间数据，包含空间查询和属性查询两大类。

（1）空间查询

空间查询是基于地理空间数据的位置信息进行的查询。利用图形数据的空间关系，如点、线、多边形等，设置空间范围、缓冲距离、空间关系等查询条件，获取贵州省第三次全国土壤普查成果的空间分布、土壤类型、土地利用类型、面积等信息。用户可以执行以下类型的空间查询。

点查询：查找包含该点的所有空间对象。

线查询：查找与特定线段相交或被该线段穿过的所有空间对象。

多边形查询：查找位于特定多边形内部或与多边形边界相交的所有空间对象。

查询结果以属性表的形式进行展示，列出所有符合查询条件的数据项及其属性。

用户在查看属性表时，可点击单条记录在地图视图中进行高亮显示或定位到具体的空间对象，实现图属联动，增强用户体验，以最直观的方式查看特定数据在地理空间上的分布。

（2）属性查询

属性查询允许用户根据特定的属性字段进行数据检索。这些属性字段可能包括土壤类型、pH、有机质含量、土壤农业利用适宜类别等。用户可以通过输入特定的查询条件，如土壤类型为“红壤”的所有记录；pH 值在 6.5~7.5 的土壤分布区域；有机质含量超过 3%的土壤区域；适宜性为“宜耕”的所有记录等。

查询结果以属性表的形式进行展示，列出所有符合查询条件的数据项及其属性。

用户在查看属性表时，可点击单条记录在地图视图中进行高亮显示或定位到具体的空间对象，实现图属联动，增强用户体验，以最直观的方式查看特定数据在地理空间上的分布。

3.2.3.6 成果数据综合查询

样品及成果数据查询主要是对贵州省样品库数据及全省下辖各区域的土壤“三普”成果数据进行分类展示，包括数字化图件成果查询、文字报告成果查询和样品库数据查询。

（1）数字化图件成果查询

主要展示贵州省各级各类数字化图件成果，如土壤类型分布图、土壤属性分布图、土壤农业利用适宜性分布图、耕地质量等级分布图和采样点分布图等。

图件成果查询：支持根据行政区、成果图类型查询相应成果图件。

成果图放大：支持成果图放大查看。

成果图缩小：支持成果图缩小查看。

成果图全图展示：支持成果图全图展示。

成果图全屏展示：支持成果图全屏展示。

（2）文字报告成果查询

主要展示贵州省各级各类文字报告成果，包括土壤普查工作报告、土壤普查技术报告、土壤类型图编制技术报告、土壤属性图编制技术报告、土壤农业利用适宜性专题评价技术报告、耕地质量等级专题评价技术报告、土壤志、土种志和酸化专题分析报告等。

文字报告成果查询：根据行政区、文件类型查询相应成果报告。

文字成果目录导航：生成成果报告的目录导航，点击目录可快速定位至具体内容。

文字成果内容定位：输入页码数，可快速定位至指定页面位置。

文字成果展示设置：为便于成果浏览，支持页面展示比例缩放、顺逆时针旋转等展示设置。

（3）样品库数据查询

样品库数据查询功能：支持用户有效地访问和查询相应样品信息。

样品信息列表展示：列表展示样品库中所有样品的概览信息，包括样品编号、样品名称、样品类型、入库时间、存放位置等基本信息。

样品详细信息查看：用户可以点击样品列表中的详情，查看单个样品的详细描述和相关数据，如物理特性、化学成分、生物特性、采样照片等。

典型土壤类型样品信息查询：用户可以根据土壤类型进行筛选，查询特定类型的土壤样品信息。

样品状态跟踪：支持查看样品的当前状态，包括是否在库、是否被借出等信息。

样品使用记录日志：支持查看样品的使用历史，包括使用时间、使用人员、使用目的等，了解其使用频率和具体用途。

(4) 导出和下载

导出功能：支持将选中的成果数据导出为不同的格式，如 PDF、Word、PNG 等。

下载到本地：允许用户将导出的成果文件下载到电脑本地，方便离线查看和进一步分析。

3.2.3.7　土壤类型变化对比分析

通过时空卷帘的方式，对比“二普”“三普”土壤类型空间分布图，直观展示 40 多年来土壤类型的分布变化，包括某些土壤类型的面积增减、分布位移或性质变异等。该对比有助于分析影响土壤类型变化的因素，辅助土壤改良。

双视图对比：同时展示两个时期的地图，用户可以通过卷帘工具直观地比较两个时期的地理变化。

透明度调整：可以调整两个视图的透明度，以便更好地对比变化。

灵活的卷帘位置：用户可以自由拖动卷帘的位置，选择对比地图的特定区域。

记录和标记：记录观察到的变化，在地图上进行标记，以便进一步分析。

图斑查询：点击具体矢量图斑，可查询该图斑“二普”和“三普”的土壤类型详细信息。

3.2.3.8　土壤肥力变化分析

土壤肥力变化分析，是将本次土壤普查物理化学性状的检测结果与历年检测数据相结合，在地块级别查看该地块的土壤肥力变化情况。

（1）土壤肥力变化展示

分年度切换展示地块土壤肥力变化趋势，点击任一地块，查看本年度该地块不同土壤肥力的含量；也可以分肥力指标来展示，查看该地块各指标的年度变化趋势曲线，鼠标悬浮曲线上可查看该指标的同比变化情况。

（2）地块施肥建议措施

根据数据变化情况，从后台施肥建议知识库中读取该地块的施肥建议措施。

通过对已入库的土壤基本理化性状的分析，掌握耕地土壤的基本情况、土壤肥力状况、土壤障碍因素等，以促进农业的现代化发展，协助农民有效利用土地资源，预防耕地退化、土壤污染。

3.2.3.9 土壤农业利用适宜性评价分析

结合第三次全国土壤普查，开展贵州省不同尺度的土壤农业利用适宜性评价，为“大食物观”视角下坚守耕地红线，实施耕地与园地、林地、草地等资源要素的“进出平衡”，优化农业生产布局，确保为粮食安全提供科学依据，对于落实“藏粮于地”战略起到基础性作用。

（1）限制因素分析

确定限制因素：根据土壤农业利用适宜性评价的标准和要求，确定评价的各种限制因素，如土壤质地、水资源条件、灌溉条件、土壤侵蚀程度等。

计算限制因素值：对每个限制因素进行量化，计算其限制值，作为评价的依据。

（2）限制因素评级

限制因素分级：设置各个限制因素分级标准。

限制因素评级：根据各个限制因素的分级标准，确定各个限制因素级别。

（3）适宜性评价

构建评价模型：构建限制因素等级综合评判法，设置评价模型。

适宜性评定：根据适宜性评价算法，以及各限制因素的限制等级，综合计算该单元的限制等级，得出对应土壤农业利用适宜性。

（4）评价结果展示

设置图层展示默认 style，如图层分类配色、透明度设置等，根据图层配置内容，按评价结果属性在地图上分类展示评价结果和评价过程数据。

（5）分析模型管理

模型查看：支持查看评价模型列表；支持对模型进行详情查看，包括模型类型、模型名称、评价因子、评价因子权重、适用区域、适用作物等信息。

模型修改：支持用户新增新的评价模型，对模型进行修改、删除。

3.2.3.10 特色农产品种植适宜性评价分析

特色农产品适宜类分析，是针对本省的特色农产品类型以及影响各农产品生长的主要评价因子，结合"三普"调查成果数据，采用单因子分析法，根据农产品的种植区域、农产品类型、评价因子和所选评价因子最适宜、适宜、不适宜等级对应的因子取值范围，根据后台评价模型综合评价该农产品种植适宜类的分布区域情况，输出种植适宜性分布图和种植适宜区面积统计表，为农业种植规划调整提供参考依据。

（1）配置分析模型

允许用户针对不同区域不同作物创建新的种植适宜性评价模型，该模型应包含评价因子、因子权重、因子分级及对应适宜程度分级等信息。允许用户对已创建的分析模型进行编辑和删除操作。

（2）设置分析条件

支持用户按不同评价作物设置分析条件。

种植区域：选择农作物种植区域。

特色农产品类型：选择特色农产品类型。

适宜性评价因子：根据种植区域和农产品类型，自动读取对应评价因子及因子权重。

最适宜：根据种植区域和农产品类型，自动读取最适宜种植条件各因子分级特征。

适宜：根据种植区域和农产品类型，自动读取适宜种植条件各因子分级特征。

不适宜：根据种植区域和农产品类型，自动读取不适宜种植条件各因子分级特征。

（3）评价结果展示

设置图层展示默认 style，如图层分类配色、透明度设置等，根据图层配置内容，按评价结果属性在地图上展示评价结果。评价结果分为两部分：特色农产品种植适宜类分布图和种植适宜区面积统计表。支持对分布图进行基础地图操作，包括放大、缩小、全图等。支持面积统计表下载导出。

（4）分析模型管理

模型查看：支持查看评价模型列表；支持对模型进行详情查看，包括模型类型、模型名称、评价因子、评价因子权重、适用区域、适用作物等信息。

模型修改：支持用户新增评价模型，对模型进行修改、删除。

3.2.3.11 耕地质量等级评价分析

结合第三次全国土壤普查，开展贵州省耕地质量等级评价，根据“三普”内业测试得到的耕地质量等级评价所需的各种限制因素值，通过综合指数法对耕地地力、土壤健康状况和田间基础设施构成的满足农产品持续产出和质量安全的能力进行综合评价，对耕地质量进行评级。

（1）耕地质量指标分析

确定耕地质量指标：根据耕地质量等级评价的标准和要求，确定影响耕地质量的各耕地质量指标因素，如土壤 pH 值、有机质含量、氮磷钾含量等。

计算耕地质量指标值：对每个耕地质量指标进行量化，计算其限制值，作为评价的依据。

（2）评价模型构建

构建评价模型：构建综合指数法的评价模型，包括地力、土壤健康状况和田间基础设施三个维度。

指标权重分配：对各个评价指标进行权重分配，反映其在耕地质量评价中的重要性。对指标权重加和计算，若指标权重加和不为 1，无法进行下步评价。

（3）计算耕地质量指标值

根据空间分析赋值、邻近点赋值模型、条件赋值模型等方式计算每个评价单元的限制因素值。

（4）指标隶属度计算

根据各指标值，计算该指标隶属度值，分为概念型指标隶属度计算和数值型指标隶属度计算。数值型指标隶属度计算需要配置对应的计算函数，包含戒上型函数、戒下型函数和峰值函数，支持对函数参数进行修改。

（5）计算综合指数

根据指标权重和指标隶属度值，计算每个评价指标的得分，再综合得到耕地的综合指数。

（6）耕地质量评价

设定评级标准：根据综合指数的高低，设定不同的耕地质量等级，如一级、二级、三级等。

耕地质量评级：根据计算得到的综合指数，对每块耕地进行质量评级。

（7）评价结果展示

设置图层展示默认style，如图层分类配色、透明度设置等，根据图层配置内容，按评价结果属性在地图上分类展示评价结果和评价过程数据。

3.2.3.12 高标准农田质量监测

以高标准农田拟建或建成区域为范围，开展耕地质量等级与粮食产能评价评估，查明影响耕地质量的主要障碍因素，找出耕地质量提升限制因子，提出高标准农田耕地质量与产能提升的对策、建议等，科学评估高标准农田建设成效。

（1）粮食产能评价

将耕地质量等级评价结果，与高标准农田建设区范围进行空间分析，得到高标准农田建设区的平均耕地等级，根据计算模型评估耕地的粮食生产潜力，包括单产水平和总产水平。利用GIS进行空间数据展示，直观展示耕地质量和产能的空间分布特征。

（2）障碍因素识别

根据第三次全国土壤普查土壤理化性状数据和历史测土配方施肥数据，识别影响耕地质量的主要障碍因素，如土壤退化、酸化等。利用土壤质量监测数据，查明问题的具体表现和分布。

（3）限制因子分析

找出耕地质量提升的限制因子，如灌溉不足、土壤肥力下降等。分析这些限制因子对耕地质量和粮食产能的具体影响。

（4）对策与建议提出

根据评估结果，提出改善耕地质量和提升粮食产能的对策与建议，包括土壤改良、灌溉系统优化、种植结构调整等措施。

（5）持续监测与动态管理

建立耕地质量监测体系，实现耕地质量的持续监测和动态管理。通过遥感解译内容对高标准农田建设区域进行作物长势监测和作物产能监测，定期更新最新耕地质量评估结果，统计分析耕地质量变化情况，包括耕地质量等级变化属性对比分析表和耕地质量平均等级对比，输出耕地质量各等级变化交叉表格，同时支持采用卷帘对比方式直观展示耕地质量等级变化情况。

3.2.3.13 耕地土壤富硒区域分析

随着健康意识的提高，人们对富硒农产品的需求日益增加。硒是一种对人体健康至关重要的微量元素，具有抗氧化、提高免疫力等多种功能。因此，分析耕地土壤的富硒区域，对于指导农业生产、提高农产品质量、促进健康农业发展具有重要意义。

（1）富硒区域识别

根据土壤硒含量数据，结合地理信息数据，利用空间分析技术识别富硒区域。设计合理的阈值或分类标准，对富硒区域进行划分和评级。

（2）富硒区域预测

分析土壤硒含量与地形、地貌、土壤类型、气候等因素之间的关系，探讨影响土壤硒含量的主要因素。构建模型，预测潜在富硒区域。

（3）分析结果展示

利用 GIS 技术，将富硒区域分析结果以地图形式展示，方便用户查看和理解。提供交互式界面，允许用户根据需求自定义展示内容和样式。

3.2.3.14 用户管理

省级农业农村厅对成果管理应用平台进行总体权限管理，包括用户管理、菜单管理和角色管理，通过后台管理功能构成一个完整的权限控制和用户访问管理体系，确保数据的安全性和合理使用。

（1）角色管理

角色定义：根据工作职责和需求，为不同的用户群体定义不同的角色，如超级管理员、省级管理员、市级管理员、县级管理员和业务员等。

权限分配：为每个角色分配相应的权限集，确保用户只能执行其角色允许的操作。

角色删除：支持对平台不需要的角色进行删除，功能只有平台超级管理员可使用。

角色查询：可根据角色名称，查看角色权限信息。

权限更新和维护：随着组织结构和业务需求的变化，定期审查和更新权限设置，对已创建的角色进行权限修改，该功能只有平台超级管理员可使用。

数据访问控制：确保用户只能访问其角色所允许的数据集，防止未授权的数据泄露。

任务特定权限：为执行特定任务分配必要的权限，如临时允许用户访问某些数据以完成特定的项目。

（2）用户管理

账户创建：管理员拥有创建账号的权利，可为新用户创建账户，设置用户角色，配属必要的访问权限。

账户维护：可管理用户的账户信息，包括密码重置、联系方式更新等。

账户查询：可根据用户名称或账号查询具体账号，查看账户信息。

账户注销：当用户涉及安全风险时，可及时注销相关账户，撤销其访问权限。

审计和监控：记录用户的操作日志，以便于审计和监控数据的使用情况，及时发现和处理异常行为。

用户行为分析：分析用户行为，确保权限设置符合实际工作流程，同时可以发现潜在的安全风险。

(3) 菜单管理

菜单定义：定义系统中的各个菜单项，包括名称、图标、排序等。

菜单结构管理：管理菜单的层次结构，如添加子菜单、调整菜单顺序等。

动态菜单显示：根据用户的角色和权限，动态显示可用的菜单项。

通过有效的权限管理和用户管理，省级农业农村厅可以确保成果管理应用平台的数据安全、合规使用，并支持高效的业务运作。

3.2.3.15　数据管理

(1) 数据接入

贵州省第三次全国土壤普查成果应用平台数据汇交接入主要包含国家平台数据接入、县级编制成果汇交和贵州“三普”样品库管理系统数据对接。

国家平台数据接入：与国家平台进行数据接入主要以 VPN 接口方式进行数据传输，开通 VPN 传输通道，根据国家级平台分配的用户名和密码，遵照对象存储文件传输协议，在数据有效期内同步本省的数据至本省前置机，进行数据暂存，数据单向传输，保障数据传输安全性。

各级土壤“三普”编制成果接入：贵州省第三次全国土壤普查成果应用平台主要是对第三次全国土壤普查成果数据各级编制成果进行数据汇总、分析利用。各级在完成成果编制工作后，依据国家规程规定的数据组织结构进行数据汇交，平台支持分类数据导入和批量数据导入功能，保证数据按照标准数据库规范入库，保障数据规范性。

样品库管理系统数据对接：本平台还需要与样品库管理系统进行数据对接，通过平台开放端口接入样品库平台数据，为后续对样品库信息管理查看提供基础数据支撑。

（2）数据质量检查

通过人机交互和计算机软件全自动检查等方式，对空间矢量数据，要做到对图层名称规范性、属性数据结构一致性、数值范围符合性、空间一致性、空间拓扑等内容的检查；对非空间权属数据，要做到对数据表完整性、属性数据结构一致性、数值范围符合性、表内逻辑一致性、表间逻辑关系一致性等内容的检查。经过软件自动检查与人工手动相结合的检查后，针对数据质量检查结果进行整理，对数据质量检查结果进行审查、核对、分析、梳理，对问题进行快速定位，对错误进行分类，并针对不同的错误提出修改建议和处理方法，输出质量检查报告。

数据完整性检查：检查行政区划、居民点、道路、水系、数字高程模型数据是否存在且完整，是否能正常打开。检查土壤二普县级土壤图、分类校核更新后的土壤二普县级土壤图、土壤二普县级土壤志、土壤二普县级土种志剖面数据、测土配方施肥数据是否存在且完整，是否能正常打开。检查国土三调数据、土地利用变更调查数据是否存在且完整，是否能正常打开。检查母质、地形地貌、植被数据是否存在且完整，是否能正常打开。检查水文、气候数据是否存在且完整，是否能正常打开。检查数据库中是否存在调查样点、立地条件调查信息、剖面形态学调查基本信息、剖面形态学调查分层信息、采样信息属性表，表中必选字段是否有值。检查数据库中是否存在样品制备属性表，表中必选字段是否有值。检查数据库中是否存在土壤物理性状、土壤化学性状、土壤环境性状、土壤生物性状属性表，表中必选字段是否有值。检查数据库中是否存在样品装运、样品装运清单、样品接收、样品接收清单属性表，表中必选字段是否有值。检查过程数据文件夹下是否包含照片和视频文件夹，文件夹是否包含 .jpg 格式图片和 .mp4 格式视频。检查土壤类型图、土壤属性图、土壤农业利用适宜类评价图、耕地质量等级图、县级土壤采样点分布图等成果是否完整。

数据规范性检查：检查各属性表是否按照《第三次全国土壤普查数据库规范（修订版）》中数据标准内容进行填写；检查属性值小数位数是否按照《第三次全国土壤普查数据库规范（修订版）》要求填写；检查样点编号/样品编号唯一性；检查典型性状值是否在标准阈值范围内；检查属性值是否存在错别字。检查所有矢量数据的地理坐标系是否为 2000 国家大地坐标系，投影是否为高斯克吕格投影。检查结构化数据是否采用 GDB 格式、图片是否采用 JPEG 格式、文字报告是否采用 DOC 和 PDF 格式。检查数据与数据库成果文件夹组织结构是否按照标准结构组织。检查数据与数据库成果文件夹组织结构命名是否符合规范。

数据一致性检查：检查矢量数据是否存在拓扑错误，矢量数据与属性数据是否存在一致性，检查立地条件调查信息、剖面形态学调查基本信息、剖面形态学调查分层信息、采样信息表中 YDBH 值能否在调查样点表中找到；检查物理性状检测数据、化学性状检测数据、环境性状检测数据、生物性状检测数据、制备记录、装运记录、接收记录等与表层样剖面样数量是否一致。

业务逻辑一致性检查：比较“二普”“三普”土壤类型，提取变化图斑，同时标注哪些是“图形变化”、哪些是“属性变化”、哪些是“图形、属性均变化”。水改旱/旱改水/为土壤类型可能发生变化区。检查所有土种，输出所有疑似酸化土种列表。土类/亚类/土属/土种名称正确性检查。土类-亚类-土属-土种名称一致性。土壤类型与立地条件信息正确性检查。各级土类面积统计表（土类、亚类、土属、土种）。与测土配方施肥等历史数据对比。CEC 与 OM、OM 与 TN、CEC 与黏粒含量等检测数据相关性检查。适宜性与现状面积对比统计表。

（3）数据集成入库

贵州省第三次全国土壤普查成果应用平台集成入库内容为质量检查合格的县级汇交的土壤“三普”成果数据库，包括基础数据、过程数据和结果数据，其中结果数据包含图件成果和文字成果。对接入的样品库数据，若源数据发生变更，可支持对数据进行实时数据同步或数据更新，保证数据的一致性和最新状态。

矢量数据入库：包括矢量图层数据入库、元数据入库，入库前对矢量数据进行结构正确性检查、行政区代码检查、空间参考符合性检查、内容正确性检查、数学基础检查、属性检查、图形检查、数据一致性检查。检查合格后，对数据进行预处理，使数据满足入库要求，包括数据格式转换、数据投影转换。矢量数据处理完成后，利用入库工具，将成果导入省级数据库，完成成果的集成与入库。同时对入库成果进行复核，比对入库前后要素个数是否一致，要素是否能正常显示，属性是否齐全等。

权属数据入库：入库前对权属数据进行字段结构符合性检查、字段值符合性检查、数据一致性检查，检查合格后，利用入库工具，将权属数据导入省级数据库，完成成果的集成与入库。同时对入库后的成果进行复核，确保入库前后数据一致。

栅格数据入库：入库前对影像数据进行数学基础检查，检查合格后，采用入库工具将影像数据入分库，入库后进行影像数据复核，复核无误后进行影像金字塔构建和物理表合并优化，最后进行成果的导出、提交。

汇总表格数据入库：入库前对汇总表格数据进行汇总表格与数据库一致性检查、汇总表格内数据一致性检查、汇总表格间数据一致性检查，检查合格后，利用入库工具，将权属数据导入省级数据库，完成成果的集成与入库。同时对入库后的成果进行复核，确保入库前后数据一致。

图件成果入库：入库前检查地块示意图的规范性、正确性，检查无误后利用入库工具，将成果导入省级数据库，完成成果的集成与入库。同时对入库成果进行复核，比对入库前后图件个数是否一致，图件是否能正常显示等。

文字报告入库任务：入库前检查文字报告格式的规范性、文字报告内容的合理性。检查无误后，利用入库工具，完成文字报告成果的集成与入库。同时对入库成果进行复核，检查文字报告是否能正常打开、显示等。

其他资料入库：检查其他资料文件是否能正常打开，文件内容是否合理，检查无误后，利用入库工具，完成其他资料的集成与入库。同时对入库成果进行复核，检查其他资料成果是否能正常打开、显示等。

(4) 数据分发

根据角色管理中的数据访问控制，由省级管理员向市级/县级管理员分配各自角色权限中限定数据。

数据分发日志：记录数据分发的详细日志，包括时间、数据量、接收方等信息。

错误处理与通知：在数据分发过程中出现错误时，系统能够自动处理并通知相关人员。

数据备份与恢复：在数据分发前后进行数据备份，并在需要时提供数据恢复功能。

(5) 数据安全管理

实施基于角色的访问控制（RBAC），对系统操作的各种权限不直接授予具体的用户，而是在用户集合与权限集合之间建立一个角色集合。每一种角色对应一组相应的权限。一旦用户被分配了适当的角色后，该用户就拥有此角色的所有操作权限。根据用户角色权限分发相应权限数据，确保数据访问基于最小权限原则。

采用多因素认证（MFA）增强登录安全性，需要用户提供两种及以上不同类型的认证因子来表明自己的身份，包括密码、短信验证码、图文验证码等多种因素组合，从而提高用户账户的安全性和可靠性。定期更新和强制复杂密码策略。

定期进行数据备份，包括安全备份和增量备份。确保备份数据的安全性和完整性。制定和测试灾难恢复计划，确保在数据丢失或损坏时能够迅速恢复。数据分区存储，在数据入库后自动生成备份数据，对数据的修改更新只在备份库进行，原数据库不支持任何修改。

实施日志管理和审计跟踪，监控所有数据访问和操作。使用安全信息和事件管理（SIEM）系统集中进行日志分析。

3.2.3.16　数据集成中心

数据集成中心主要模块包括数据资源中心、地图资源中心和服务资源中心。

（1）数据资源中心

数据资源中心从数据源和数据对象类型两个维度进行数据集中管理。数据源管理支持国产化数据库的统一注册，将数据库中的图层/表格/字段等对象内容同步到数据集成中心。数据对象管理按照表格、矢量图层、栅格数据集、矢量瓦片集、栅格瓦片集等分类管理，并提供数据切片、数据抽取、栅格动态镶嵌等数据流转功能，保证数据间一致性。

数据注册：数据集成中心将结构化数据库等完成数据源的注册，并将数据库中的图层/表格/字段等对象注册到数据库中，支持用户对数据对象的元数据编辑，作为形成统一资源目录的基础。

数据同步：面向应用的国产化查询数据库、统计数据库、分布式大数据文件库（如华为 GaussDB），数据库需要建立数据同步功能，保证数据库之间的一致性。同时，实时记录数据同步过程中的日志信息，及时反馈。

数据切片：数据切片服务功能针对不同的数据类型系统进行对应切片，分为矢量切片服务发布和影像切片服务发布。基于统一数据资源目录的矢量图层，将用户所需的矢量地图发布成切片服务。基于统一数据资源目录，系统可按照行政区、导入的范围或四至坐标对影像数据进行瓦片裁切。本功能支持 TIFF、GEOTIFF、JPG、IMG、TIFF+TFW 等常用栅格数据格式。

数据抽取：数据抽取提供抽取数据源、目标数据、抽取字段、抽取方式、目标数据元数据等的设置。表格数据抽取是将表中某些字段的部分信息抽取出来，组合成新的字段。包括将某一字段的部分信息截取出来；将某几个字段合并为一个新字段；给数据源表中没有的字段匹配新的字段。

影像入库采集：支持对卫星遥感影像、无人机影像、航拍影像、遥感解译成果影像等多种形式的影像数据入库，针对影像数据库可查看影像内容列表、设置元数据采集项，进行影像数据采集入库。对于已入库的影像数据可查看影像具体信息、查看影像在地图中的空间位置。

（2）地图资源中心

地图资源中心用于地图类数据的统一管理，包括矢量图层、栅格数据集、矢量瓦片集、栅格瓦片集和地图文档，以及用于地图渲染的字体库和符号库。在地图资源中心，支持将矢量数据切割为矢量瓦片集并发布为矢量瓦片服务、支持将栅格数据集和栅格文件转换为栅格瓦片服务，并以瓦片服务以数据源，建立地图文档聚合数据内容、进行个性化渲染，实现地图的快速构建和可视化。

地图创建：支持用户在线创建相应专题地图，用户选择瓦片方案、所属应用以及对应地图模板后即可快速创建地图，创建完成后为影像地图进行行政区划、影像地图来源以及其他图层数据配置。

模板管理：支持对已有模板的查询和模板上传；在模板上传中支持对不同影像底图的模板上传，上传完成后在后续影像地图使用中用户可将该模板作为基础底图数据。

符号管理：用于管理数据集成中心中的符号库文件，支持对符号库的查询、上传、删除，也支持对符号库内的符号进行查询、添加和删除。

字体管理：字体管理用于管理字体文件，可查询、上传和删除字体文件。一个账号上传的所有 *. ttf 文件为 1 个字体库。字体元数据信息保存在数据集成中心的 fonts 表中。字体管理功能支持对字体的上传、查询和删除。

（3）服务资源中心

支持基础数据服务、ETL 同步更新回流管道服务、跨数据源 SQL 查询、地图 i 查询、空间查询服务、统计服务，以及空间计算服务的注册、管理、检索与发布，并行成统一服务资源目录，便于用户快速的服务发现。

服务注册：提供向导式服务注册功能，面向平台运维管理人员和第三方服务提供用户，支持已发布服务的元数据信息注册到系统上进行统一管理，供其他用户申请使用，满足各类服务共享的需求，支持对已注册的服务进行查询、编辑、删除等操作。在平台中所有被管理的服务都需要进行注册，支持地图服务、数据服务以及功能应用服务的注册，其中目录服务支持嵌套注册，为用户所需服务的关联和嵌套查询提供了前提。对于注册好的服务，用户可以通过统一的资源搜索对已注册的服务进行检索，进而可以使用该服务，服务注册是服务发现的重要前提。

服务审核发布：主要是对发布各类数据和应用功能等服务进行审核，对于审核通过的服务可在统一的资源服务目录中显示，供各类用户进行浏览及查询。服务发布审核的内容按照服务的类型有所区别。

服务代理：支持新增代理和已有代理服务的查询浏览。

服务聚合：服务聚合功能整合各种服务信息、内容和应用，将不同主体的各种业务和服务有机地结合在一起提供给用户，从而满足客户泛在化和一体化的需求，为用户创造额外的价值服务。

数据空间分析：支持对空间分析服务的查询以及新建注册。当用户选择查询时，支持按照业务分组下拉查询或者模糊查询。

跨库SQL查询：基于统一数据资源目录，利用开源技术，打通与KGIS、GeoScene、腾讯云TDSQL多种数据库集群的SQL查询链路，基于SQL引擎，支持在多个库之间进行关联查询，对查询结果进行合并，并将通用查询统计分析接口进行服务封装，并注册到微服务框架中，以页面交互的方式支持用户在数据中心中进行挖掘。

3.2.4　成果应用服务系统

3.2.4.1　功能架构图

成果应用服务系统布设在互联网上，主要面向农业龙头企业、省级农民合作社示范社等农业种植企业大户和广大公众提供种植建议、施肥指导、土壤知识科普等，实现因土种植、因土施肥、因土改土，提高农业生产效率，促进农业生产经营管理信息化、精准化、智慧化（图3-5）。

3.2.4.2　土壤普查成果查询服务

公众可以通过该模块查询浏览贵州省市县级土壤类型图、土壤属性图、农业利用适宜性评价图、耕地质量等级评价图等成果图件的图片资料；以及通过正式出版发行的省、市、县各级土壤志、土种志等成果书籍资料。

3.2.4.2.1　图件查询

（1）土壤类型图

贵州省土壤类型总图：列表展示贵州省土壤类型图，点击图件详情，查看贵州省主要土壤类型及其分布。

市级土壤类型图：列表展示贵州省下级所有市级土壤类型图，用户可根据关键词进行筛选，浏览对应市（州）的土壤类型及分布特点。

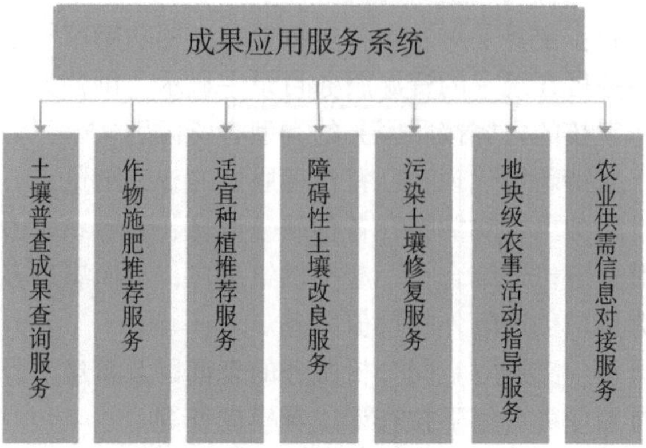

图 3-5　成果应用服务系统功能架构

县级土壤类型图：列表展示贵州省下级所有县级土壤类型图，用户可根据关键词进行筛选，浏览对应县（区）的土壤类型及分布特点，帮助用户更深入了解地方土壤情况。

（2）土壤属性图

土壤质地属性图：用户选择相应行政区，展示该区域土壤质地属性图，反映土壤的砂、壤、黏比例及其空间分布。

土壤养分属性图：用户选择相应行政区，展示该区域土壤养分属性图，展示土壤中氮、磷、钾等主要养分的含量及分布。

土壤 pH 值属性图：用户选择相应行政区，展示该区域土壤 pH 值属性图，展示土壤酸碱性的分布情况。

（3）农业利用适宜性评价图

全省农业利用适宜性评价总图：展示贵州省农业利用适宜性评价的整体分布情况。

分区域农业利用适宜性评价图：按区域划分，详细展示各地农业利用适宜性评价分布，用户根据行政区名称进行筛选浏览。

（4）耕地质量等级评价图

全省耕地质量等级总图：展示贵州省耕地质量的整体分布情况。

分区域耕地质量等级图：按区域划分，详细展示各地耕地质量等级，用户根据行政区名称进行筛选浏览。

3.2.4.2.2　样品查询

支持样品的多样化查找，查询样品存取情况，可通过地图展示库存内样品地理分布情况，样品库存位置数据和盘存数据实时更新，支持在存样品与检测数据的连接。

3.2.4.2.3 数据查询

展示所有的贵州省土壤分类系统，各土壤类型的描述、代表性数据、各级土种志，展示《贵州省土壤》《贵州省土种志》《＊市（州）土壤》《＊市（州）土种志》《＊县土壤志》。

3.2.4.2.4 标本查询

选择某个土壤剖面标本后，可浏览该土壤剖面的三维立体模型，剖面支持360°旋转展示，每个土壤剖面配备对应的语音解说及图文说明。文字部分用于介绍该土壤类型的海拔分布、地带性植被等相关知识，图片部分用于展示土壤形成环境。

3.2.4.2.5 评论与反馈

开通用户评论区，用户可在评论区留言，对展示的图件和书籍进行评论和反馈。可说明书籍中存在的问题和希望上线的书籍等，评论内容支持文字和图片格式。

3.2.4.3 作物施肥推荐服务

施肥推荐服务是以地块或样点为单位，查看该地块或样点的基本信息和土壤土肥情况，结合土壤肥力等级和地块面积等参数，通过特定算法综合计算该地块或样点应当施加的氮、磷、钾肥含量。

（1）地块或样点列表

将用户注册信息（身份证号码）和农用地承包经营权信息进行身份验证，读取该用户权属下的所有种植地块或样点。地块或样点展示提供列表模式和地图模式两种展现形式。列表模式属于标准展现形式，通过数据列表展现出地块或样点的所有重要信息；地图模式引用电子地图坐标展现形式，比列表模式更加直观，操作更加便捷。

（2）基本信息展示

地图缩放到地块或样点级别后，点击任一地块或样点，弹出弹窗展示该地块或样点的基本信息，包含地块或样点类型、地块或样点面积、地块或样点编码和坐落地址等。

（3）土壤养分信息展示

根据土壤普查属性检测结果，利用数据空间分析服务，将土壤属性空间分布图与地块或样点数据进行空间分析，获取地块或样点关键土壤养分含量数据。

（4）地力等级信息展示

根据土壤普查耕地质量等级评价结果，利用数据空间分析服务，将耕地质量等级空间分布图与地块或样点数据进行空间叠加，获取地块或样点肥力等级。

（5）施肥量测算

用户选择目标作物（玉米、水稻、油菜等）和目标产量，结合地块或样点面积和土壤肥力等级等参数，通过特定算法综合计算该地块或样点应当施加的氮磷钾肥含量，用户可参照此数据进行实际农业生产工作。

3.2.4.4 适宜种植作物类型推荐服务

适宜种植推荐服务旨在为农户提供科学、准确的适宜种植作物类型推荐。通过整合种植地块数据、农作物种植区域适宜性评价结果以及耕地地力等级等信息，智能分析并推荐最适宜在该地块种植的作物类型。同时，系统还能够预测作物的年度产量，为农户的经济效益分析提供数据支撑。

（1）种植适宜性评价

将农产品种植区域适宜性评价结果，与种植地块数据进行空间叠加。农户点击任一地块，选择相应种植作物类型，根据对应的农作物种植适应性评价结果展示该地块种植该作物的适宜程度：高度适宜、适宜、勉强适宜和不适宜。

（2）年度产量预测

用户选择作物后，系统会根据地块的地力等级和作物生长模型，预测该地块种植该作物的年度产量。

（3）经济效益分析

系统将结合作物市场价格、种植成本等因素，对选定作物在该地块种植的经济效益进行分析。经济效益分析将包括投入成本、预期收益、投资回报率等指标，帮助农户做出更科学的种植决策。

（4）数据导出与分享

用户可以将地块信息、种植适应性评价结果、年度产量预测和经济效益分析等数据导出为表格或报告格式。

3.2.4.5 障碍性土壤改造服务

通过整合第三次土壤普查得到的土壤理化性状数据、历史测土配方施肥数据以及种植地块数据，进行空间叠加分析，识别和解决土壤中的障碍因子，如酸化、土壤板结等，从而改善土壤质量，提高作物产量和品质。针对不同障碍因子提供相应的改良措施建议，以改善土壤环境，提高土壤的肥力和作物的生长条件。

（1）土壤障碍因子识别

将土壤普查数据和种植地块数据进行空间叠加，分析各地块土壤的理化性状。通过数据分析，识别出地块土壤中的障碍因子，如酸化、土壤板结等，并评估其程度和影响范围。对障碍因子进行分级和分类，以便针对不同情况提出相应的改良建议。

（2）酸化土壤改良建议

对于酸化土壤，建议施用石灰质物质或酸性土壤调理剂，以中和土壤酸性，提高土壤 pH 值。推荐改施碱性肥料品种，减少酸性肥料的施用，避免进一步加剧土壤酸化。系统根据土壤酸化程度和地块排水条件提供具体的施用方法和剂量建议，确保改良措施的有效性和安全性。

（3）土壤结构性障碍改良建议

对于土壤结构性障碍，建议通过深耕深松增加耕层深度，打破土壤板结，改善土壤通气性和透水性。推动深松适宜周期的良性循环，定期进行深松作业，保持土壤良好的物理性质。系统根据地块的土壤质地提供深松作业的机械选择、作业时间和深度等具体建议。

（4）轮作与间作建议

推荐合理的轮作、间作和套种模式，利用生物固氮和养地肥田作用，减轻连作障碍，改善土壤生态环境。提供作物轮作和间作的具体方案，包括作物选择、种植顺序和时间安排等。强调轮作和间作对土壤改良的长期效益，提高农户的认可度和参与度。

（5）增加有机质建议

推荐通过秸秆还田的方式增加土壤有机质，提高土壤肥力和保水保肥能力。鼓励对畜禽粪污进行无害化处理，生产有机肥并引导农民增施有机肥。提供具体的有机肥施用方法和注意事项，确保有机质的有效利用和土壤环境的改善。

（6）改造过程监测

在改造过程中，对土壤进行定期监测，以评估改造效果并调整改造策略。监测指标包括土壤 pH 值、有机质含量、土壤结构、微生物活性等。以可视化图表形式记录改造过程中的数据变化和异常情况。

（7）改造效果评估

在改造完成后，对土壤进行改造效果评估。评估指标包括土壤障碍因子的改善程度、土壤肥力的提升、作物生长条件的改善等。

3.2.4.6 污染土壤修复服务

污染土壤修复服务旨在减少或消除土壤中的污染物，恢复土壤的生态功能和生产能力。根据土壤普查理化性状数据和额外的土壤污染检测结果数据，对污染土壤进行详细的调查和评估，确定污染物的种类、分布和浓度。根据评估模型，评估土壤污染对环境和公共健康的风险，确定修复的优先级和目标。根据土壤污染的具体情况和风险评估结果，提供对应恰当的修复方案。

（1）污染土壤检测数据上传

上传现场土壤污染检测数据，包括土壤样品采集数据、物理性质分析数据、化学性质分析数据和生物毒性测试数据等。

（2）污染土壤评估

系统对检测数据进行深入分析，评估土壤污染的程度、类型、范围和潜在风险。输出土壤污染评估报告，明确污染土壤的修复目标和优先级。

（3）修复方案设计与制定

根据土壤污染评估结果，制定个性化的土壤修复方案。修复方案将综合考虑污染物的种类、浓度、土壤性质、修复成本等因素。常用的修复技术包括物理修复（如客土法、换土法）、化学修复（如化学淋洗、化学氧化还原）、生物修复（如微生物修复、植物修复）等。修复方案将明确修复技术的选择、修复周期、修复效果预测等内容。

（4）土壤修复效果评估

在修复完成后，提供土壤修复后的长期管理与维护建议。上传修复后土壤污染检测数据，对土壤进行修复效果评估，确保土壤质量的持续改善和稳定。评估指标包括污染物的去除率、土壤性质的改善程度、生物活性的恢复情况等。

3.2.4.7 地块级农事活动指导服务

根据土壤普查得到的土壤理化性状数据、历史测土配方施肥数据、遥感解译数据和物联网监测数据，实时收集农田环境数据和作物生长数据，与种植地块数据进行空间叠加，通过对地块环境、作物生长情况、气候变化等因素的实时监测与分析，为农户提供个性化的农事活动指导。

（1）地块信息管理

将用户注册信息（身份证号码）和农用地承包经营权信息进行身份验

证，读取该用户权属下的所有种植地块。提供耕地地块地图展示功能，便于用户直观了解地块分布和作物种植情况。地块信息包括地块位置、面积、土壤类型、作物种类等，支持用户手动绘制新增地块，对地块信息进行录入、编辑和查询。

（2）作物监测识别与长势分析

利用遥感解译技术，识别和区分出不同作物，实时监测农田内作物的种植情况，包括作物种类、种植面积等。提供作物种植情况的可视化展示，方便农户了解地块“种什么”。

利用物联网监测设备，动态监测土壤湿度、气象数据等，动态监测作物生长过程中的关键指标，如叶片颜色、株高、茎粗等。结合遥感解译数据，如温度、湿度、光照等，分析作物生长状况，评估生长是否健康。提供作物长势图、生长曲线等可视化展示，帮助农户了解地块“长得怎么样”。

（3）农事活动指导

根据作物生长周期和环境监测信息，为农户提供个性化的农事活动指导建议。选中地图模式中要输出农事活动指导的地块，点击农事指导，进入该地块的农事指导页面，可以查看具体农事建议，包括播种、施肥、灌溉、病虫害防治等具体农事活动的操作指南和注意事项。根据作物种类、生长阶段、环境条件等因素，智能计算作物需水量。

定义农业生产过程中的各个环节，如播种、施肥、灌溉、病虫害防治、收割等；配置各环节的执行标准、时间节点、资源需求等信息；支持对农事环节的增加、修改、删除、查询和导出。

设定作物管理关键节点（如播种、施肥、除草、收割等）的提醒功能。根据作物生长情况、环境数据和地块的所有农事信息，对地块内可能出现的病虫害、干旱等风险进行预警，提醒农户进行必要的农田管理工作，如灌溉、施肥等。

利用物联网监测设备，监测作物是否受到病虫害的侵袭，并识别病虫害类型。作物病虫害监测功能，通过对病虫害数量、种类、信息接收等进行预警设置，及时发现病虫害灾情。通过病虫害周期展示，充分了解一年或历年中各病虫害的发生时间与规律，提前预防，防治结合，大大降低病虫害暴发概率。

（4）农事活动管理

支持录入农事人员的基本信息，对农事人员信息进行修改，查询农事人员。

记录发布与维护农事类型、投入品类型、投入品数量、操作日期、农事记录说明、拍照及视频等农事记录。

通过在线监测，以视频的方式记录农事生产过程，分类别进行归类统计，包括农产品生产过程中的灌溉、施肥、用药、投料、采收等所有的农事作业过程。

农事信息查询。支持根据农事环节、作业时间段等查询条件查询相应农事信息。选中地图模式中要查看的地块，然后点击农事记录，可查看该农场过往完成过的所有农事信息。

(5) 农产品安全溯源服务

农产品安全溯源服务主要包括产品信息管理模块的建设和农产品农事活动信息的建设。通过地块编号将信息有效地进行关联，最终通过二维码与防伪码随同农产品一起展现在消费者面前，实现农产品信息的追溯与防伪功能。

农服主体申请使用农产品溯源服务，通过审核的企业进入企业名录库，管理员可以对企业信息进行管理。利用农事管理记录将对应地块的农事信息关联起来，对农产品开展溯源，主要展现产品种植生长环节所进行的农事活动，形成农事活动链路。

当用户扫描二维码后，二维码溯源信息展现主要包括产品基本信息、产品生产企业信息、产品农事活动以及产品加工过程和产品品牌等信息。支持输入产品防伪码，实现产品防伪查询以及扫码次数、溯源消费者分布、溯源消费趋势统计。

3.2.4.8 农业供需信息对接服务

针对目前农业信息服务主要靠各级网站推送，农户被动接受信息服务方式导致的信息时效性、针对性和互动性差等“最后一公里”问题，依据土壤普查的基本数据提供贵州省农业供需信息对接服务。

各类农业服务主体可通过供需信息对接服务在线发布服务请求并展示自身服务能力、服务范围、服务价格等信息，小农户通过 App 浏览生产托管需求，通过本平台实现在线对接成单，同时支持发布用工信息、租赁、粮食收储等社会化服务各类供需信息，促进农业服务主体和小农户之间进行互动交流，解决广大农户被动接受信息服务的问题。

(1) 土地生产托管信息对接

支持农业服务主体发布生产托管信息，包括托管作物、托管类型、是否包含农资、托管单价、服务范围和服务时间等内容，小农户可在 App 端便捷浏览，支持一键通话，快速与服务主体沟通联系，促成双方服务交易。同时也支持信息分享、收藏，以一传十，扩大信息覆盖量，更多地满足农业生产需求。

（2）用工、农机租赁信息对接

支持农业服务主体发布用工信息，包括工作岗位、工作性质、福利待遇、薪资、工作区域等内容，小农户可在App端便捷浏览，支持一键通话，快速与服务主体沟通联系，促成双方供需对接。同时也支持信息分享、收藏，以一传十，扩大信息覆盖量，更多地满足农业生产需求。

支持农业服务主体发布农机租赁信息，包括机械类型、是否动力机械、机械品牌、购买时间、使用时长、价格等内容，小农户可在App端便捷浏览，支持一键通话，快速与服务主体沟通联系，促成双方达成交易。

（3）农资农机购买对接服务

农资农机购买服务支持发布各类农资、农机产品信息，管理产品的上下架，可生成购买链接分享至小程序，农户可通过购买入口完成农机农资商品的交易并完成支付。支持农业服务主体发布二手交易信息，包括机械类型、是否动力机械、机械品牌、购买时间、使用时长、价格等内容。

可进行发布、下架处理：可查看已创建的所有产品列表，可根据类型、品牌、名称、适用作物筛选。上架可编辑商品最大加购数量；每个规格的售价（默认为产品管理中的定价，可修改）、上架数量（上架数量默认等于库存数量，可修改）。可对发布信息进行编辑。

农户在小程序下单生成的订单列表，可根据编号、状态、下单时间、区域等进行筛选。可导出订单列表、查看订单详情。支持种植户对所选农资产品进行下单处理，包括商品规格设置、商品数量设置、订单信息确认、订单提交、订单支付等功能。

（4）农产品供销对接服务

提供农产品市场的需求、价格、供应情况等信息，帮助农户了解市场动态。支持生产商、供应商发布农产品信息，包括品种、产地、价格、规格等。支持用户根据关键词、分类等条件查询农产品信息。支持销售商发布采购需求，与供应商进行在线洽谈、签订合同等操作。支持供应商发布销售信息，与采购商进行在线洽谈、签订合同等操作。支持订单的创建、修改、查询、取消等操作，确保订单信息的准确性和及时性。支持用户查询农产品库存信息，包括库存数量、库存位置等。当库存低于一定阈值时，系统自动发送预警信息给相关人员，以便及时补货。支持农业服务主体发布粮食收储信息，包括收储种类、收储单价、收储截止时间、收储区域等内容，同时也支持信息分享、收藏。

（5）农事咨询对接服务

农学专家通过视频、音频、文件传输、文字交流等方式，线上诊断，为农户提供农事生产专业解决方案。农户可在线向专家进行提问，在一定工作日内专家会对问题给予解答，同时农户也可以查看该专家下的所有问答记录，辅助农业种植。

支持发布各类农业知识共享服务，为农户、农服组织提供各类农业知识、新闻资讯、政策法规和通知公告等信息。提供各种作物品种的生长习性、生长周期、农业种植日历、适宜的气候和土壤条件、病虫害防治方法等。提供涵盖土壤类型、肥力水平、土壤改良方法、土壤测试和分析方法等。系统支持新增、编辑、删除各类作物种植知识。同时在App端支持用户对作物种植知识进行浏览、分享和收藏。收集农业领域的最新新闻、事件和趋势。收集与农业相关的法律法规、政策指导、补贴政策等。

3.2.5 系统对接设计

图3-6为系统对接图示。

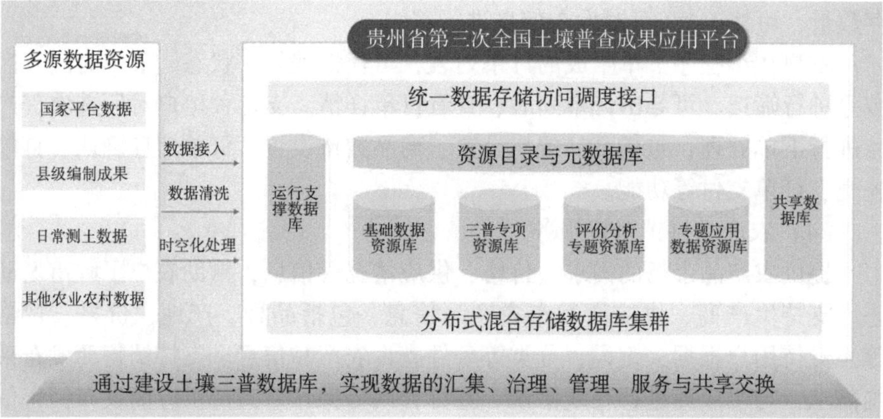

图3-6　系统对接

3.2.5.1 平台内部接口设计方案

平台内部接口主要涉及局域网上“数据管理系统”与互联网上“成果

应用系统”的数据交换，平台内部接口调用原则上通过平台内部的数据共享交换系统来实现接口对接，接口对接主要包括以下方式。

3.2.5.1.1 基于静态文件的对接方式

基于静态文件的对接方式主要是直接提供静态的数据文件，将这些文件通过平台加工后直接使用。如基础地理信息数据、地理空间相关的数据（如耕地地块数据、调查样点数据等）和检测数据的统计数据，可采用基于静态数据文件的共享方式。具体可提供的数据格式包括以下3种。

（1）Excel、CSV、SQLite 等电子文件

针对统计台账类的结构化数据，可以直接通过提供 Excel、CSV 或 SQLite 等电子文件方式实现与平台对接。

（2）非结构化数据文件

针对提供的文本、图片等非结构化数据，各类数据有开放或惯例存储格式的按照开放存储或惯例格式，否则按照二进制文件方式提供，但要明确读取规则或接口。

（3）空间数据文件

对于提供的空间数据，选择 Shapefile 文件格式或 GeoPackage 本地空间数据库格式，Shapefile 格式适用单图层少量空间数据，GeoPackage 格式适合多图层本地空间数据库。

3.2.5.1.2 基于数据库访问对接方式

基于数据库的对接方式适用于已经有成熟的信息化管理平台，通过提供数据库的用户权限，在专网上直接读取数据库数据，实现数据的双向共享。目前设计支持的数据库包括 KGIS、GeoScene、腾讯云 TDSQL 等国产数据库。

3.2.5.1.3 基于服务共享方式对接

针对非空间数据类，拟统一采用 RESTfull 协议进行接口封装和调用；针对空间数据类，拟采用 OGC 的空间数据共享服务标准接口，包含 WMS、WMTS、WFS 等。

3.2.5.2 平台对外接口设计方案

平台对外接口主要涉及局域网上“数据管理分析系统”的对外接口，互联网上“成果应用服务系统”的对外接口问题。接入的方式主要包括如下5种。

（1）与国家工作平台对接

基于国家级工作平台创建的 VPN 连接通道，根据相关配置要求，设置对应的 VPN 连接密码，及数据同步防火墙中 VPN 连接的参数，开放数据同步所

需的 TCP 端口（22、5001、7788）及 ICMP 端口，建立数据同步 VPN 连接。

（2）与贵州省农业农村大数据平台开放接口对接

设计 RESTful API 或 GraphQL AP，定义清晰的数据模型、API 的端点、支持的操作、请求和响应的数据格式，确保接口设计遵循标准协议。使用 HTTPS 协议加密数据，实现认证和授权机制，确保接口符合数据保护法规。设计并实现一个高效、安全且用户友好的 API 接口，实现与贵州省农业农村大数据平台的成功对接。

（3）与样品库管理信息系统开放接口对接

基于 RESTful 架构，通过明确的接口定义、数据传输格式、安全性措施及版本控制，实现与样品库管理信息系统数据的可靠传输与安全管理。

（4）基于硬件厂商开放接口对接

对于实时视频图像或物联网传感器数据的对接，有相应国标或行业标准协议的采样标准协议接口，否则一般采样由硬件厂商提供的开放接口或 SDK 开发包进行接入。

（5）基于服务共享方式对接

针对非空间数据类，拟统一采用 RESTfull 协议进行接口封装和调用；针对空间数据类，拟采用 OGC 的空间数据共享服务标准接口，包含 WMS、WMTS、WFS 等。

3.2.5.3 与贵州省数据共享交换平台的接口设计方案

针对与贵州省数据共享交换平台预留政务数据共享交换、政务服务监管等接口，统一按照省级政务信息化项目制定的相关接入要求进行设计。

3.3 数据资源建设

3.3.1 数据资源治理

3.3.1.1 数据分类

（1）基础数据

基础数据包括基础地理数据、历史土壤调查数据、土地利用类型数据等三大方面的数据进行加工治理，以保障系统可快速、高效、准确地完成土壤农业利用所需的专业处理、分析和评价工作。

基础地理数据：包括行政区、居民点、道路、水系、DEM、遥感影像数据、物联网数据等。

历史土壤调查数据：包括土壤二普县级土壤图、分类校核更新后的土壤二普县级土壤图、土壤二普县级土壤志、土壤二普县级土种志剖面数据，以及测土配方施肥、耕地质量监测、农户施肥调查、高标准农田建设评价等社会涉土数据。

土地利用类型数据：包括国土三调地类图斑数据、国土三调土地利用变更调查数据、高标准农田数据等。

（2）过程数据

“三普”工作开展中产生的过程数据，结构化数据采用 GDB 格式；非结构数据以文件形式进行组织，照片采用 JPG 格式、视频采用 MP4 格式。调查采样数据：包括调查点位位置、成土环境信息、立地条件调查信息、剖面形态学信息、采样信息等；样品制备数据：包括样品类型、样品重量、制备机构、制备时间等；检测分析数据：包括土壤物理性状、土壤化学性状、土壤环境性状、土壤生物性状等；样品流转数据：包括样品装运、样品装运样品清单和样品接收、样品接收样品清单等。

（3）成果数据

由县级土壤普查办组织收集形成数字化图件、文字报告等过程中产生的中间数据，以及最终的数字化图件成果和文字报告成果。成果中间数据包括形成成果中的各类图层、处理的数据等。该类的具体表格、字段等要求由各数字化图件、文字报告等标准约定。最终成果数据包括图件、文字报告等。

3.3.1.2 历史数据数字化与标准化治理

对省、市、县、乡不同级别第二次土壤普查历史土壤图、地质图等纸质图纸进行矢量化，第二次土壤普查土种志、土壤普查报告等书籍进行电子化。目前已收集到1∶10 000乡镇级土壤图 560 张、1∶50 000县级土壤图 430 张、1∶50 000地质图 468 张，土壤相关历史书籍 86 本，土壤历史调查表格 95 套。

由于汇聚的各类基础数据在空间坐标、数据格式、数据结构、属性分类体系等方面存在较大差异，为满足土壤数据的科学组织管理要求，需对汇集的各类数据按要素进行分类分层，并进行数据清洗，具体包括数据坐标变换、数据格式转换、数据结构与内容规范化整理、对象编码统一赋值、要素分层、属性处理、图形处理等一系列标准化处理，通过标准化处理后的数据将会有统一时空参考、统一空间数据格式和统一分类编码体系。

3.3.1.3 成果数据脱敏

数据脱敏是指对某些敏感信息通过脱敏规则进行数据的变形，实现敏感隐私数据的可靠保护。平台根据《网络安全法》《数据安全法》《信息安全技术 网络安全等级保护基本要求》规定，针对农业产业发展、社会经济等有一定影响的数据进行脱敏处理，采用动态数据脱敏的方式，实现对专项数据库中的敏感数据进行透明、实时的脱敏。购置数据脱敏软硬件，对数据进行脱敏，主要包含以下内容。

（1）数据泛化

对于具体的土壤属性数据，如 pH 值或重金属含量，可以通过数据泛化减少其精确度，例如将具体的数值范围变为更宽泛的区间，降低其可识别性。

（2）数据去标识化

去除或替换掉数据中可能用于识别特定个体或区域的信息，如地理位置的精确坐标。

（3）数据加密

对敏感数据进行加密，确保只有授权的用户才能访问和解读数据。

（4）数据聚合

将多个具体的数据点合并为一个更广泛的类别，以减少数据的粒度。

（5）数据匿名化

确保数据集中不包含任何可以直接或间接识别土壤特定等级的信息。

（6）数据访问控制

实施严格的访问控制措施，确保只有授权用户才能访问敏感数据。

（7）法律合规性检查

确保脱敏过程符合相关的数据保护法规和标准。

（8）数据使用协议

制定明确的数据使用协议，规定数据的使用范围和条件。

（9）数据备份和恢复计划

在脱敏过程中，制定数据备份和恢复计划，以防数据丢失。

（10）持续监控和评估

脱敏后，持续监控数据的使用情况，并定期评估脱敏措施的有效性。

3.3.1.4 物联网设备数据接入

物联网设备数据接入，需要通过规范接口文档和标准参数接入已有的物联网设备数据，对于不可进行外部对接的物联网设备，进行前端数据采集处理后导入贵州省第三次全国土壤普查成果应用平台，实现对种植地块的监测，保障成果应用。

3.3.1.5 三维数据处理

对贵州省地形数据和土壤分布数据进行三维处理，为平台进行三维空间化展示提供数据支撑，主要包括三维地形数据处理、土壤整段剖面数据处理、土壤样点数据处理及三维模型生成和三维数据服务发布。

（1）三维地形数据处理

在贵州省全境范围内根据土壤分布特征设置断面，每个断面设置若干个剖面点，每个剖面点显示不同的土壤类型。断面需穿过贵州典型土壤的分布区域，如高原黄棕壤分布于黔西北的高原山地和黔北、黔东的部分山地，则断面需穿过对应山地，便于在断面中标识黄棕壤。

需将倾斜摄影数据和DEM数据处理成平台三维化展示插件可识别的特定类型文件——3DT文件。输入所需使用的倾斜摄影数据和DEM数据，默认读取tif格式文件，设置三维展示关键参数，如是否同步生成金字塔和是否支持多数据的相互覆盖等，设置输出路径，输出对应标准格式文件。使用多源数据自动处理工具对数据进行统一坐标系处理，让DEM数据导入平台后与其他格式数据或服务位置能匹配上。输入在三维化场景中需要展示的所有数据，如DEM数据和土壤分类数据等，支持tif和shp文件格式，设置目标坐标系和三维展示关键参数，如是否同步生成金字塔和是否支持多数据的相互覆盖等，设置输出路径，输出对应文件。

（2）土壤整段剖面数据处理

将“三普”的3 297个剖面全部建立土壤剖面三维立体模型，剖面模型支持360°旋转，每个土壤剖面配备对应的语音解说及图文说明。要建立逼真的土壤剖面模型，需要提前对土壤剖面数据进行处理。输入在三维化场景中需要展示的采样点数据和剖面底座数据，设置剖面层数、各层高度，各层剖面展示材质和三维展示关键参数，如是否同步生成金字塔和是否支持多数据的相互覆盖等，设置输出路径，输出对应文件。

（3）土壤样点数据处理及三维模型生成

根据土壤样点数据和剖面数据自动化生成土壤三维模型，将二维样点数据通过工具自动转为三维样点数据，构建不同土壤分层的三角网模型，按照该模型进行拉伸处理，生成不同分层的土壤分层体块。与剖面数据进行合并处理，通过拉伸、微调等方式，生成数据精准的土壤三维分层模型，并基于地理孪生的方式加载到土壤三维一张图场景中，实现地上地下一体化展示。

（4）数据服务发布

通过多源数据自动处理工具将二维矢量数据发布为3DT数据服务，在平台上通过获取服务方式使用数据。输入需要发布的矢量数据源，支持shp格式文件，可设置矢量数据图斑颜色和边界线宽度，发布对应服务。

3.3.1.6 AI分析模型建立

基于本地部署的算力服务器开展AI分析模型建立。土壤三维模型需要处理大量土壤数据，需要借助人工智能技术快速将表层样点的景观照片、剖面样点的分层照片、化验测试数据、调查数据等数据提取特征，并进行自动分类和标注，整合多源数据构建更精确的土壤三维模型。

选用特征工程、有无监督学习、卷积神经网络等人工智能技术，自动化处理土壤多源数据，选择和提取与土壤分类相关的特征，构建土壤类型分类模型、预测土壤侵蚀和退化的趋势、耕地质量、土壤适宜性等综合多模型，使用交叉验证等技术来评估多模型的性能，并进行调整和优化，以提高准确性和可靠性。通过模型训练、应用模型分析大数据、分析结果判别与样本库更新的迭代方式实现知识挖掘模型，最后形成“一地一策”的耕地退化治理、施肥推荐、特色产品布局方案。

科学决策依赖于充分、准确和可靠的数据，使用科学理论和模型来解释数据，并预测不同决策选项可能产生的结果，但目前我国在土壤领域的决策算法与模型严重落后。大数据和人工智能决策技术突破了地域、空间尺度和诊断问题的限制，具有很强的泛化能力和可迁移性，实现土壤精细化、智慧化、高效化、定制化的推荐管理，将评价过程向定量化、全面化、系统化、智能化、可视化方向发展。

3.3.2 数据库建设

按照《第三次全国土壤普查数据库规范（修订版）》，从数据组织与管理、数据结构定义等方面构建数据库。在数据库构建过程中，除了将《土壤普查数据库规范（试行）》规定的数据表设计到数据库中外，还需设计个性化数据表，形成集空间、属性、文档、图件、影像等信息于一体的省级土壤“三普”数据库。

数据管理分析系统主要面向省、市、县不同级别的农业农村局，贵州省内涉农科研单位及高等院校相关人员，部署在本地局域网环境，该环境数据库建设内容包括基础数据资源库、“三普”专项资源库、评价分析专题资源库。

成果应用服务系统主要面向农业龙头企业、省级农民合作社示范社等农业种植企业大户和广大公众，部署在互联网环境，该环境数据库建设内容包括专题应用数据资源库。

3.3.2.1　基础数据资源库

基础数据资源库用于存储前期数据收集过程中，各地收集的各种基础地理信息数据，如境界与管辖区域数据、土壤底图、样点数据、环境变量数据等。具体数据结构按照《第三次全国土壤普查数据库规范（修订版）》要求开展建设，可根据实际业务需求增设其他必要字段。

境界与管辖区域：包括省级行政区、地级行政区、县级行政区、乡级区域、村级区域和区域界线。

土壤底图：该数据集主要是存放外部收集的用于土壤制图的基础数据，包括二普土壤类型图、土地利用类型图、坡度图、作物常年产量水平图、种植制度图、种植结构图。

样点数据：包括样点布设区、布设网格、布设样点和调查样点。

环境变量数据：包括气候、母质岩性、地形地貌、植被、地下水、新增耕地、高分影像等，多为栅格数据。

（1）省级行政区属性结构

省级行政区属性结构描述见表3-3。

表3-3　省级行政区属性结构描述（SJXZQ）

序号	字段名称	字段代码	字段类型	字段长度	小数位数	值域	约束条件	备注
1	标识码	BSM	Int	10			M	
2	要素代码	YSDM	Char	6			M	
3	行政区名称	XZQMC	Char	100			M	
4	行政区代码	XZQDM	Char	12			M	
5	行政区面积	XZQMJ	Float	15	2	>0	O	单位：km^2
6	备注	BZ	VarChar				O	

（2）地（市）级行政区属性结构

地（市）级行政区属性结构描述见表3-4。

表 3-4　地（市）级行政区属性结构描述（DJXZQ）

序号	字段名称	字段代码	字段类型	字段长度	小数位数	值域	约束条件	备注
1	标识码	BSM	Int	10			M	
2	要素代码	YSDM	Char	6			M	
3	行政区名称	XZQMC	Char	100			M	
4	行政区代码	XZQDM	Char	12			M	
5	行政区面积	XZQMJ	Float	15	2	>0	O	单位：km^2
6	备注	BZ	VarChar				O	

（3）县级行政区属性结构

县级行政区属性结构描述见表 3-5。

表 3-5　县级行政区属性结构描述（XJXZQ）

序号	字段名称	字段代码	字段类型	字段长度	小数位数	值域	约束条件	备注
1	标识码	BSM	Int	10			M	
2	要素代码	YSDM	Char	6			M	
3	行政区名称	XZQMC	Char	100			M	
4	行政区代码	XZQDM	Char	12			M	
5	行政区面积	XZQMJ	Float	15	2	>0	O	单位：km^2
6	备注	BZ	VarChar				O	

（4）乡级行政区属性结构

乡级行政区属性结构描述见表 3-6。

表 3-6　乡级行政区属性结构描述（XJXZQ）

序号	字段名称	字段代码	字段类型	字段长度	小数位数	值域	约束条件	备注
1	标识码	BSM	Int	10			M	
2	要素代码	YSDM	Char	6			M	
3	行政区名称	XZQMC	Char	250			M	
4	行政区代码	XZQDM	Char	12			M	

（续表）

序号	字段名称	字段代码	字段类型	字段长度	小数位数	值域	约束条件	备注
5	行政区面积	XZQMJ	Float	15	2	>0	O	单位：m^2
6	备注	BZ	VarChar				O	

（5）村级区域属性结构

村级区域属性结构描述见表 3-7。

表 3-7　村级区域属性结构描述（CJQY）

序号	字段名称	字段代码	字段类型	字段长度	小数位数	值域	约束条件	备注
1	标识码	BSM	Int	10			M	
2	要素代码	YSDM	Char	6			M	
3	行政区名称	XZQMC	Char	250			M	
4	行政区代码	XZQDM	Char	12			M	
5	行政区面积	XZQMJ	Float	15	2	>0	O	单位：m^2
6	备注	BZ	VarChar				O	

（6）区域界线属性结构

区域界线属性结构描述见表 3-8。

表 3-8　区域界线属性结构描述（QYJX）

序号	字段名称	字段代码	字段类型	字段长度	小数位数	值域	约束条件	备注
1	标识码	BSM	Int	10			M	
2	要素代码	YSDM	Char	6			M	
3	界线类型	JXLX	Char	6			M	
4	界线性质	JXXZ	Char	6			M	
5	界线说明	JXSM	Char	254		>0	O	

（7）栅格数据属性结构

栅格数据属性结构描述见表 3-9。

表 3-9　栅格数据属性结构描述（SGSJ）

序号	字段名称	字段代码	字段类型	字段长度	小数位数	值域	约束条件	备注
1	标识码	BSM	Int	10		>0	M	
2	要素代码	YSDM	Char	6			M	
3	图幅编号	TFBH	Char	50			M	
4	图幅名称	TFMC	Char	254			M	
5	头文件名	TWJM	VarChar				M	
6	数据文件名	SJWJM	VarChar				M	
7	元数据文件名	YSJWJM	VarChar				M	
8	影像来源	YXLY	Char	254			O	表注 1
9	影像分辨率	YXFBL	Char	4			M	表注 2
10	高程基准	GCJZ	Char	254			O	
11	地形类别	DXLB	Char	254			O	
12	成图比例尺	CTBLC	Char	7			M	表注 3
13	坐标系统类型	ZBXTLX	Char	50			M	表注 4
14	大地平面坐标投影	DDPM-ZBTY	Char	50			M	表注 5
15	中央经线经度	ZYJXJD	Float	20	4		M	表注 6
16	左下角 x 坐标	ZXJXZB	Float	15	3		M	
17	左下角 y 坐标	ZXJYZB	Float	15	3		M	
18	右上角 x 坐标	YSJXZB	Float	15	3		M	
19	右上角 y 坐标	YSJYZB	Float	15	3		M	
20	拍摄时间	PSSJ	Date				M	
21	备注	BZ	VarChar				O	

注 1. 填写“航空（相机名称‘可选择填写’）”或“卫星（卫星名称‘可选择填写’）”，如航空（DMC）、卫星（GF-6）等。

2. 填写栅格数据的分辨率（原始影像分辨率）“可选择填写”，如 0.2 M（0.1 M）。

3. 填写栅格数据的比例尺分母，如 2 000、5 000 等。

4. 2000 国家大地坐标系等。

5. 填写“1.5 度带高斯克吕格投影”或“3 度带高斯克吕格投影”。

6. 度分秒的小数表达方式。如 117 度 0 分 0 秒，应填写：117.000000；117 度 36 分 0 秒，应填写：117.3600000。

（8）土壤类型属性结构

土壤类型属性结构描述见表 3-10。

表 3-10 土壤类型属性结构描述（TRLX）

序号	字段名称	字段代码	字段类型	字段长度	小数位数	值域	约束条件	备注
1	标识码	BSM	Int	10			M	
2	要素代码	YSDM	Char	6			M	
3	土类	TL	Char	8			M	表注 1
4	亚类	YL	Char	8			M	表注 1
5	土属	TS	Char	8			M	表注 1
6	土种	TZ	Char	8			M	表注 1
7	面积	MJ	Float	15	2	>0	O	单位：m^2
8	备注	BZ	VarChar				O	

注 1. 依据《中国土壤分类与代码》（GB/T 17296—2009）标准填写。

（9）土地利用类型属性结构

土地利用类型属性结构描述见表 3-11。

表 3-11 土地利用类型属性结构描述（TDLYLX）

序号	字段名称	字段代码	字段类型	字段长度	小数位数	值域	约束条件	备注
1	标识码	BSM	Char	18			M	
2	要素代码	YSDM	Char	10			M	
3	图斑编号	TBBH	Char	8			M	表注 1
4	地类编码	DLBM	Char	5			M	表注 2
5	地类名称	DLMC	Char	60			M	表注 2
6	坐落单位代码	ZLDWDM	Char	19			M	
7	坐落单位名称	ZLDWMC	Char	60			M	
8	图斑地类面积	TBDLMJ	Float	15	2	>0	M	单位：m^2
9	坡度级别	PDJB	Char	2			M	

（续表）

序号	字段名称	字段代码	字段类型	字段长度	小数位数	值域	约束条件	备注
10	耕地地力等级	GDDLDJ	Char	4				表注3
11	备注	BZ	VarChar				O	

注1. 图斑以村级调查区为单位统一顺序编号。变更图斑号在本村级调查区最大图斑号后续编。

2. 地类编码和名称按《第三次全国国土调查技术规程》附录A第三次全国国土调查工作分类执行，填写最末级分类。

3. 参照《NY/T 309—1996全国耕地类型区、耕地地力等级划分》

（10）坡度图属性结构

坡度图属性结构描述见表3-12。

表3-12　坡度图属性结构描述（PDT）

序号	字段名称	字段代码	字段类型	字段长度	小数位数	值域	约束条件	备注
1	标识码	BSM	Char	18			M	
2	要素代码	YSDM	Char	10			M	
3	坡度级别	PDJB	Char	2			M	
4	备注	BZ	VarChar				O	

（11）植被优势种群属性结构

植被优势种群属性结构描述见表3-13。

表3-13　植被优势种群属性结构描述（ZBYSZQ）

序号	字段名称	字段代码	字段类型	字段长度	小数位数	值域	约束条件	备注
1	标识码	BSM	Int	10			M	
2	要素代码	YSDM	Char	6			M	
3	植被类型	ZBLX	Char	5			M	
4	备注	BZ	VarChar				O	

（12）作物常年产量水平属性结构

作物常年产量水平属性结构描述见表3-14。

表 3-14　作物常年产量水平属性结构描述（ZWCNCLSP）

序号	字段名称	字段代码	字段类型	字段长度	小数位数	值域	约束条件	备注
1	标识码	BSM	Int	10			M	
2	要素代码	YSDM	Char	6			M	
3	作物类型	ZWLX	Char	5			M	
4	作物产量	ZWCL	Float	15	2		M	单位：0.5 千克/亩
5	备注	BZ	VarChar				O	

（13）种植制度属性结构

种植制度属性结构描述见表 3-15。

表 3-15　种植制度属性结构描述（ZZZD）

序号	字段名称	字段代码	字段类型	字段长度	小数位数	值域	约束条件	备注
1	标识码	BSM	Int	10			M	
2	要素代码	YSDM	Char	6			M	
3	面积	MJ	Float	15	2		M	单位：m^2
5	熟制	SZ	Char	8			M	
6	备注	BZ	VarChar				O	

（14）种植结构属性结构

种植结构属性结构描述见表 3-16。

表 3-16　种植结构属性结构描述（ZZJG）

序号	字段名称	字段代码	字段类型	字段长度	小数位数	值域	约束条件	备注
1	标识码	BSM	Int	10			M	
2	要素代码	YSDM	Char	6			M	
3	面积	MJ	Float	15	2		M	
4	种植类型	ZZLX	Char	8			M	
5	备注	BZ	VarChar				O	

(15) 样点布设区属性结构

样点布设区属性结构描述见表3-17。

表3-17 样点布设区属性结构描述(YDBSQ)

序号	字段名称	字段代码	字段类型	字段长度	小数位数	值域	约束条件
1	标识码	BSM	Int	10			M
2	要素代码	YSDM	Char	6			M
3	土地利用类型	TDLYLX	Char	4			M
4	坡度级别	PDJB	Char	2			M
5	土类	TL	Char	30			M
6	亚类	YL	Char	30			M
7	土属	TS	Char	30			M
8	土种	TZ	Char	30			M
9	中心点经度	ZXDJD	Float	10	6	72.000000~136.000000	M
10	中心点纬度	ZXDWD	Float	9	6	0.000000~60.000000	M
11	面积	MJ	Float	15	2		M
12	备注	BZ	VarChar				O

注1. 依据《第三次全国国土调查技术规程》附录A.2第三次全国国土调查工作分类执行,填写最末级分类。

2. 依据《中国土壤分类与代码》(GB/T 17296—2009)标准填写。

(16) 布设网格属性结构

布设网格属性结构描述见表3-18。

表3-18 布设网格属性结构描述(BSWG)

序号	字段名称	字段代码	字段类型	字段长度	小数位数	值域	约束条件	备注
1	标识码	BSM	Int	10			M	
2	要素代码	YSDM	Char	6			M	
3	网格大小	WGDX	Char	2			M	
4	左下角经度	ZXJJD	Float	9	6		M	单位:°
5	左下角纬度	ZXJWD	Float	8	6		M	单位:°
7	备注	BZ	VarChar				O	

(17) 布设样点属性结构

布设样点属性结构描述见表 3-19。

表 3-19　布设样点属性结构描述（BSYD）

序号	字段名称	字段代码	字段类型	字段长度	小数位数	值域	约束条件	备注
1	标识码	BSM	Int	10			M	
2	要素代码	YSDM	Char	6			M	
3	样点编号	YDBH	Char	19			M	表注 1
4	样点类别	YDLB	Char	2			M	
5	采样类型	CYLX	Char	2			M	
6	坐落单位代码	ZLDWDM	Char	12			M	
7	坐落单位名称	ZLDWMC	Char	60			M	
8	经度	JD	Float	9	6		M	单位:°
9	纬度	WD	Float	8	6		M	单位:°
10	坡度	PD	Char	2			M	
11	备注	BZ	VarChar				O	

注 1. 采样点编号采用 15 位编码，由县级行政区域代码（6 位）+土地利用类型 4 位+样品类别 1 位+序号 4 位流水号，共 15 位组成，本规范中其余表中的样点编号也采用此规则。

(18) 调查样点属性结构

调查样点属性结构描述见表 3-20。

表 3-20　调查样点属性结构描述（DCYD）

序号	字段名称	字段代码	字段类型	字段长度	小数位数	值域	约束条件	备注
1	标识码	BSM	Int	10			M	
2	要素代码	YSDM	Char	6			M	
3	样点编号	YDBH	Char	19			M	
4	样点类别	YDLB	Char	2			M	
5	采样类型	CYLX	Char	2			M	
6	坐落单位代码	ZLDWDM	Char	12			M	
7	坐落单位名称	ZLDWMC	Char	60			M	

（续表）

序号	字段名称	字段代码	字段类型	字段长度	小数位数	值域	约束条件	备注
8	经度	JD	Float	9	6		M	
9	纬度	WD	Float	8	6		M	
10	是否修正	SFXZ	Char	2			M	
11	修正距离	XZJL	Float	5	2		C	单位：m
12	备注	BZ	VarChar				O	

3.3.2.2 “三普”专项资源库

“三普”专项资源库用于存储第三次全国土壤普查过程中生成的过程数据和成果数据，包括土壤外业调查采样信息、内业化验检测属性信息、数字化图件成果数据和文字报告数据。具体数据结构按照《第三次全国土壤普查数据库规范（修订版）》要求开展建设，可根据实际业务需求增设其他必要字段。

土壤外业调查采样信息：包括立地条件调查信息、剖面形态学调查基本信息、剖面形态学调查分层信息和采样信息。

内业化验检测属性信息：包括样品制备信息、土壤物理性状表、土壤化学性状表、土壤环境性状表和土壤生物性状表。

数字化图件成果数据：包括土壤类型图、土壤属性图和其他专题图件，存储内容包括 shp 文件、tif 文件和最终的 jpg 图件。

文字报告数据：包括土壤“三普”工作报告、土壤“三普”技术报告、土壤“三普”各类专题分析利用报告，报告以 PDF 格式进行存储，以非结构化数据形式进行存储。

（1）立地条件调查信息属性结构

立地条件调查信息属性结构描述见表 3-21。

表 3-21　立地条件调查信息属性结构描述（LDTJDCXX）

序号	字段名称	字段代码	字段类型	字段长度	小数位数	值域	约束条件	备注
1	样点编号	YDBH	Char	15			M	
2	海拔高度	HBGD	Float	15	2		M	
3	天气	TQ	Char	4		表注 1		

（续表）

序号	字段名称	字段代码	字段类型	字段长度	小数位数	值域	约束条件	备注
4	景观照片东	JGZPD	Varbin				M	
5	景观照片南	JGZPN	Varbin				M	
6	景观照片西	JGZPX	Varbin				M	
7	景观照片北	JGZPB	Varbin				M	
8	采样时间	CYSJ	Date	8			M	
9	天气情况	TQQK	Char	2			M	
10	基岩出露丰度	JYCLFD	Char	2			M	
11	基岩出露间距	JYCLJJ	Char	2			M	
12	地表砾石丰度	DBLSFD	Char	2			M	
13	地表砾石大小	DBLSDX	Char	4			M	
14	地表盐斑丰度	DBYBFD	Char	2			O	
15	地表盐斑厚度	DBYBHD	Char	2			O	
16	地表裂隙宽度	DBLXKD	Char	2			O	
17	地表裂隙长度	DBLXCD	Char	2			O	
18	地表裂隙丰度	DBLXFD	Char	2			O	
19	地表裂隙间隙	DBLXJX	Char	2			O	
20	地表裂隙方向	DBLXFX	Char	8			O	
21	地表裂隙连续性	DBLXLXX	Char	2			O	
22	土壤沙化	TRSH	Char	4			O	
23	轮作制度	LZZD	Char	2			O	
24	轮作制度变更	LZZDBG	Char	100			O	
25	耕地撂荒	GDLH	Char	4		表注 2	O	
26	设施农业类型	SSNYLX	Char	8		表注 3		
27	蔬菜种植年限	SCZZNX	Int	4			O	单位：年

（续表）

序号	字段名称	字段代码	字段类型	字段长度	小数位数	值域	约束条件	备注
28	复种类型	FZLX	Char	2			O	
29	作物类型	ZWLX	Char	6			O	
30	产量水平	CLSP	Int				O	单位：0.5kg/亩
31	肥料种类	FLZL	Char	100			O	
32	施用量	SYL	Char	100			O	
33	施用方式	SYFS	Char	100			O	
34	培肥措施	PFCS	Char	100			O	
35	是否高标准农田	SFGBZNT	Char	2			O	
36	灌溉保证率	GGBZL	Float	5	2		O	单位:%
37	农田排水条件	NTPSTJ	Char	4			O	
38	田间道路工程	TJDLGC	Char	4		表注 4	O	
39	田间平整度	TJPZD	Char	100			O	
40	园地林龄	YDLL	Char	100			O	单位：年
41	植被类型	ZBLX	Char	4			O	
42	植被覆盖度	ZBFGD	Char	100			O	
43	调查单位	DCDW	Char	100			M	
44	调查者	DCZ	Char	20			M	

注 1. 取值为“晴或极少云、部分云、阴、雨、雨夹雪或冰雹、雪”中的一项。
2. 取值为“常年、季节性、无撂荒”中的一项。
3. 取值为“露天蔬菜地、塑料大棚、玻璃温室、其他”中的一项。
4. 取值为“机耕路、生产路”中的一项。

（2）施肥用量属性结构

施肥用量属性结构描述见表 3-22。

表 3-22 施肥用量属性结构描述（SFYL）

序号	字段名称	字段代码	字段类型	字段长度	小数位数	值域	约束条件	备注
1	样点编号	YDBH	Char	16			M	
2	季度	JD	Char	10			M	
3	肥料类型	FLLX	Char	20			M	
4	肥料名称	FLMC	Char	20			C	
5	实物用量	SWYL	Float	8	2		M	单位：g
6	含量占比	HLZB	Int	3			M	
7	元素含量	YSHL	Float	8	2		M	
8	作物类型	ZWLX	Char	4			M	
9	作物类型（其他）	ZWLXQT	VarChar				O	

（3）剖面形态学调查信息属性结构

剖面形态学调查基本信息属性结构描述见表 3-23。

表 3-23 剖面形态学调查基本信息属性结构描述（PMXTXDCJBXX）

序号	字段名称	字段代码	字段类型	字段长度	小数位数	值域	约束条件	备注
1	样点编号	YDBH	Char	15			M	
2	剖面照片	PMZP	Varbin				M	
3	有效土层厚度	YXTCHD	Int	4			M	单位：cm
4	土体厚度	TTHD	Char	20			M	
5	均质质地剖面构型	JZZD-PMGX	Char	4			M	表注 1
6	夹层质地剖面构型	JCZD-PMGX	Char	10			M	表注 2
7	体（垫）层质地剖面构型	TCZD-PMGX	Char	10			M	表注 3
8	备注	BZ	Char	200			O	

注 1. 字段的取值为“通体壤、通体砂、通体黏、通体砾”中的一项。

2. 字段的取值，如砂/黏/砂、黏/砂/黏、壤/黏/壤、壤/砂/壤等，根据实际情况填写。

3. 字段的取值，如砂/黏/黏、黏/砂/砂、壤/黏/黏、壤/砂/砂等，根据实际情况填写。

剖面形态学调查分层信息属性结构描述见表 3-24。

表 3-24　剖面形态学调查分层信息属性结构描述 (PMXTXDCFCXX)

序号	字段名称	字段代码	字段类型	字段长度	小数位数	值域	约束条件	备注
1	样点编号	YDBH	Char	15			M	
2	发生层类型	FSCLX	Char	2			M	
3	发生层照片	FSCZP	Varbin				M	可多个
4	新生体照片	XSTZP	Varbin				C	可多个
5	侵入体照片	QRTZP	Varbin				C	可多个
6	动物活动痕迹照片	DWHD-HJZP	Varbin				C	
7	发生层厚度	FSCHD	Char	8			M	表注 1
8	边界明显度	BJMXD	Char	2			M	
9	边界过渡形状	BJGDXZ	Char	2			M	
10	干态颜色	GTYS	Char	20			M	表注 2
11	湿态颜色	STYS	Char	20			M	
12	颜色版本	YSBB	Char	60			M	
13	根系大小	GXDX	Char	2			M	
14	根系丰度	GXFD	Char	2			M	
15	根系性质	GXXZ	Char	10		表注 3	M	
16	质地	ZD	Char	2			M	
17	土壤结构形状	TRJGXZ	Char	2			M	
18	土壤结构大小	TRJGDX	Char	2			M	
19	发育程度	FYCD	Char	2			M	
20	土内砾石丰度	TNLSFD	Char	2			O	
21	土内砾石大小	TNLSDX	Char	2			O	
22	土内砾石形状	TNLSXZ	Char	4			O	
23	土内砾石风化程度	TNLSFHCD	Char	4			O	
24	土内砾石莫氏硬度(估)	TNLS-MSYD	Char	6			O	

（续表）

序号	字段名称	字段代码	字段类型	字段长度	小数位数	值域	约束条件	备注
25	土内砾石组成物质	TNLSZCWZ	Char	32			O	可多选
26	总孔隙度	ZKXD	Char	2			M	
27	孔隙丰度	KXFD	Char	2			M	
28	孔隙粗细	KXCX	Char	2			M	
29	孔隙类型	KXLX	Char	4			M	
30	孔隙分布位置	KXFBWZ	Char	6			M	
31	干态结构性	GTJGX	Char	4		表注 4	M	
32	湿态结构性	STJGX	Char	4		表注 4	M	
33	湿态黏着性	STNZX	Char	60			O	
34	湿态可塑性	STKSX	Char	60			O	
35	新生体斑纹丰度	XSTBWFD	Char	2			C	
36	新生体斑纹大小	XSTBWDX	Char	2			C	
37	新生体斑纹位置	XSTBWWZ	Char	6			C	
38	新生体斑纹与土壤基质对比	XSTBWY-TRJZDB	Char	2			C	
39	新生体斑纹边界	XSTBWBJ	Char	2			C	
40	新生体斑纹组成物质	XSTBW-ZCWZ	Char	4			C	
41	新生体胶膜丰度	XSTJMFD	Char	2			C	
42	新生体胶膜位置	XSTJMWZ	Char	6			C	
43	新生体胶膜组成物质	XSTJM-ZCWZ	Char	8			C	

（续表）

序号	字段名称	字段代码	字段类型	字段长度	小数位数	值域	约束条件	备注
44	新生体胶膜与土壤基质对比	XSTJMY-TRJZDB	Char	2			C	
45	矿质瘤状结核丰度	KZLZJHFD	Char	2			O	
46	矿质瘤状结核种类	KZLZJHZL	Char	6			O	
47	矿质瘤状结核大小	KZLZJHDX	Char	2			O	
48	矿质瘤状结核形状	KZLZJHXZ	Char	4			O	
49	矿质瘤状结核硬度	KZLZJHYD	Char	8			O	
50	矿质瘤状结核组成物质	KZLZJH-ZCWZ	Char	4			O	
51	新生体层连续性	XSTCLXX	Char	2			O	
52	新生体层内部构造	XSTCNBGZ	Char	6			O	
53	新生体层胶结程度	XSTCJJCD	Char	6			O	
54	新生体层组成物质	XSTC-ZCWZ	Char	8			O	
55	新生体层成因或起源	XSTC-CYHQY	Char	4			O	
56	滑擦面面积	HCMMJ	Char	2			O	
57	侵入体种类	QRTZL	Char	4			O	
58	侵入体丰度	QRTFD	Char	2			O	
59	土壤动物种类	TRDWZL	Char	6			C	
60	土壤动物丰度	TRDWFD	Char	2			C	
61	土壤动物粪便丰度	TRDW-FBFD	Char	2			O	

（续表）

序号	字段名称	字段代码	字段类型	字段长度	小数位数	值域	约束条件	备注
62	土壤动物影响情况	TRDW-YXQK	Char	4			C	
63	石灰反应	SHFY	Char	6			M	
64	亚铁反应	YTFY	Char	2			O	
65	盐化反应	YHFY	Char	4			O	
66	酚酞反应	FTFY	Char	4			O	
67	酸碱度	SJD	Char	2			M	

注 1. 发生层厚度为范围描述，如 0~15cm、15~32cm 等。

2. 采用蒙塞尔颜色体系表征，外业简易比色。

3. 字段取值为“木本植物根系、草本植物根系、活根根系、已腐烂的根系”中的一项。

4. 字段取值为“松散、松软、稍坚实、坚硬、很坚硬、极坚硬”中的一项。

（4）采样信息属性结构

采样信息属性结构描述见表 3-25。

表 3-25　采样信息属性结构描述（CYXX）

序号	字段名称	字段代码	字段类型	字段长度	小数位数	值域	约束条件	备注
1	采样袋编号	CYDBH	VarChar				M	
2	样点编号	YDBH	Char	15			M	
3	样品重量	YPZL	Float	8	2		M	单位：g
4	采样人	CYR	Char	20			M	
5	采样机构	CYJG	Char	50			M	
6	采样时间	CYSJ	Date	8			M	
7	备注	BZ	VarChar				O	

（5）样品制备属性结构

样品制备属性结构描述见表 3-26。

表 3-26　样品制备属性结构描述（YPZB）

序号	字段名称	字段代码	字段类型	字段长度	小数位数	值域	约束条件	备注
1	样品编号	YPBH	Char	17			M	表注 1
2	加密样品编号	JMYPBH	Char	10			C	表注 2
3	保存方式	BCFS	Char	1		表注 3	M	

（续表）

序号	字段名称	字段代码	字段类型	字段长度	小数位数	值域	约束条件	备注
4	研磨方式	YMFS	Char	4		表注 4	M	
5	仪器编号	YQBH	Char	50			C	
6	仪器名称	YQMC	Char	100			C	
7	接收样品重量	JSYPZL	Float	8	2		M	单位：g
8	样品风干后重量	YPFGHZL	Float	8	2		M	单位：g
9	国家样品库分样重量	GJYPK-FYZL	Float	8	2		M	单位：g
10	制备留存样品重量	ZBLCYPZL	Float	8	2		M	单位：g
11	制备样品重量	ZBYPZL	Float	8	2		O	单位：g
12	制备人	ZBR	Char	20			M	
13	制备机构	ZBJG	Char	50			M	
14	制备时间	ZBSJ	Date	8			M	
15	校核人	JHR	Char	20			C	
16	校核时间	JHSJ	Date	8			C	
17	审核人	SHR	Char	20			C	
18	审核时间	SHSJ	Date	8			C	

注 1. 样品编号规则使用“15 位样点编号+2 位顺序号”。

2. 加密样品编号通过加密算法对样品编号进行加密后转换化为 10 位编号。

3. 字段取值为“1=常温、2=低温、3=避光”中的一项。

4. 字段取值为“手工研磨、仪器研磨”中的一项。

（6）土壤物理性状属性结构

土壤物理性状属性结构描述见表 3-27。

表 3-27　土壤物理性状属性结构描述（TRWLXZ）

序号	字段名称	字段代码	字段类型	字段长度	小数位数	值域	约束条件	备注
1	样品编号	YPBH	Char	17			M	
2	样品批次	YPPC	Char	50			M	
3	机械组成 1	JXZC1	Float	5	2		M	单位:% 表注 1

（续表）

序号	字段名称	字段代码	字段类型	字段长度	小数位数	值域	约束条件	备注
4	机械组成 2	JXZC2	Float	5	2		M	单位：% 表注 1
5	机械组成 3	JXZC3	Float	5	2		M	单位：% 表注 1
6	机械组成 4	JXZC4	Float	5	2		M	单位：% 表注 1
7	土壤质地	TRZD	Char	2			M	
8	土壤水稳定性团聚	TRSWDXTJ	Float	4	2	0~99.9	M	单位：%
9	容重	RZ	Float	3	1	0.8~1.8	M	单位：g/cm³
10	紧实度	JSD	Char	2			M	
11	砾石含量	LSHL	Float	6	1		C	单位：g/kg
12	最大有效含水量	ZDYXHSL	Float	4	2	0~99.9	M	单位：%
13	检测实验室代码	JCSYSDM	Char	100			M	
14	接样日期	JYRQ	Date	8			M	
15	报告日期	BGRQ	Date	8			M	
16	联系人	LXR	Char	20			M	
17	电话	DH	Char	20			M	

注 1. 机械组成 1 指 0.002 mm 以下颗粒含量，机械组成 2 指 0.002~0.02 mm 颗粒含量，机械组成 3 指 0.02~0.2 mm 颗粒含量，机械组成 4 指 0.2~2 mm 颗粒含量。剖面样相关定义也采用同样方式。

（7）土壤化学性状属性结构

土壤化学性状属性结构描述见表 3-28。

表 3-28　土壤化学性状属性结构描述（TRHXXZ）

序号	字段名称	字段代码	字段类型	字段长度	小数位数	值域	约束条件	备注
1	样品编号	YPBH	Char	17			M	
2	pH	PH	Float	4	1		M	无
3	阳离子交换量	CEC	Float	4	1		M	单位：cmol（+）/kg

（续表）

序号	字段名称	字段代码	字段类型	字段长度	小数位数	值域	约束条件	备注
4	交换性盐基总量	JHXYJZL	Float	6	2		M	单位：cmol（+）/kg
5	交换性钙	ECA	Float	6	2		M	单位：cmol（+）/kg
6	交换性镁	EMG	Float	6	2		M	单位：cmol（+）/kg
7	交换性钠	ENA	Float	6	2		M	单位：cmol（+）/kg
8	水溶性盐总量	SRXYZL	Float	6	2		M	单位：g/kg
9	电导率	DDL	Float	6	2		M	单位：mS/cm
10	水溶性钠离子	SRXNLZ	Float	6	2		M	cmol（Na^{+}）/kg
11	水溶性钾离子	SRXJLZ	Float	6	2		M	cmol（K^{+}）/kg
12	水溶性钙离子	SRXGLZ	Float	6	2		M	cmol（1/2 Ca^{2+}）/kg
13	水溶性镁离子	SRXMLZ	Float	6	2		M	cmol（1/2 Mg^{2+}）/kg
14	水溶性碳酸根	SRXTSG	Float	6	2		M	cmol（1/2 CO_3^{2-}）/kg
15	水溶性碳酸氢根	SRXTSQG	Float	6	2		M	cmol（HCO_3^{-1}）/kg
16	水溶性硫酸根	SRXLSG	Float	6	2		M	cmol（1/2 SO_4^{2-}）/kg
17	水溶性氯根	SRXLG	Float	6	2		M	cmol（Cl^{-}）/kg
18	有机质	OM	Float	5	1		M	单位：g/kg
19	全氮	TN	Float	5	2		M	单位：g/kg
20	全磷	TP	Float	5	1		M	单位：g/kg
21	全钾	TK	Float	5	1		M	单位：mg/kg
22	全硒	TSE	Float	5	1			单位：mg/kg
23	有效磷	AP	Float	5	1		M	单位：mg/kg
24	缓效钾	SK	Float	5	1		M	单位：mg/kg

（续表）

序号	字段名称	字段代码	字段类型	字段长度	小数位数	值域	约束条件	备注
25	速效钾	AK	Float	3	0		M	单位：mg/kg
26	有效铁	AFE	Float	5	1		M	单位：mg/kg
27	有效锰	AMN	Float	5	1		M	单位：mg/kg
28	有效铜	ACU	Float	5	2		M	单位：mg/kg
29	有效锌	AZN	Float	5	2		M	单位：mg/kg
30	有效硼	AB	Float	4	2		M	单位：mg/kg
31	有效钼	AMO	Float	4	2		M	单位：mg/kg
32	有效硫	AS1	Float	6	2		M	单位：mg/kg
33	有效硅	ASI	Float	4	2		M	单位：mg/kg
34	检测实验室代码	JCSYSDM	Char	8			M	
35	接样日期	JYRQ	Date	8			M	
36	报告日期	BGRQ	Date	8			M	
37	联系人	LXR	Char	20			M	
38	电话	DH	Char	20			M	

（8）土壤环境性状属性结构

土壤环境性状属性结构描述见表 3-29。

表 3-29　土壤环境性状属性结构描述（TRHJXZ）

序号	字段名称	字段代码	字段类型	字段长度	小数位数	值域	约束条件	备注
1	样品编号	YPBH	Char	17			M	
2	总铬	CR	Float	8	3		M	单位：mg/kg
3	总镉	CD	Float	6	3		M	单位：mg/kg
4	总铅	PB	Float	7	3		M	单位：mg/kg
5	总砷	AS2	Float	7	3		M	单位：mg/kg
6	总汞	HG	Float	6	3		M	单位：mg/kg
7	总镍	NI	Float				M	单位：mg/kg
8	检测实验室代码	JCSYSDM	Char	8			M	
9	接样日期	JYRQ	Date	8			M	

（续表）

序号	字段名称	字段代码	字段类型	字段长度	小数位数	值域	约束条件	备注
10	报告日期	BGRQ	Date	8			M	
11	联系人	LXR	Char	50			M	
12	电话	DH	Char	20			M	

（9）土壤生物性状属性结构

土壤生物性状属性结构描述见表3-30。

表3-30　土壤生物性状属性结构描述（TRSWXZ）

序号	字段名称	字段代码	字段类型	字段长度	小数位数	值域	约束条件	备注
1	样品编号	YPBH	Char	17			M	
2	微生物生物量碳	WSWSWLT	Float	6	4			
3	微生物绝对丰度	WSWJDFD	Float	6	4			
4	呼吸强度	HXQD	Float	6	2			单位:mg,h
5	典型碳转化酶活性	DXTZH-MHX	Float	6	2			
6	典型氮转化酶活性	DXDZH-MHX	Float	6	2			
7	典型磷转化酶活性	DXLZH-MHX	Float	6	2			
8	微生物群落组成	WSWQLZC	Float	6	2			
9	微生物群落多样性	WSWQL-DYX	Char	6				
10	微生物功能多样性	WSWGN-DYX	Char	200				
11	线虫密度	XCMD	Float	6	2			
12	线虫组成	XCZC	Float	6	2			
13	线虫多样性	XCDYX	Char	200				
14	蚯蚓生物量	QYSWL	Float	6	2			
15	蚯蚓组成	QYZC	Float	6	2			
16	蚯蚓多样性	QYDYX	Char	200				

（续表）

序号	字段名称	字段代码	字段类型	字段长度	小数位数	值域	约束条件	备注
17	检测实验室代码	JCSYSDM	Char	8			M	
18	检测人员	JCRY	Char	20			M	
19	检测日期	JCRQ	Date	8			M	

3.3.2.3 评价分析专题资源库

评价分析专题数据库用于存储本次土壤“三普”进行的土壤农业利用适宜性评价结果数据、耕地质量等级评价结果数据、其他专题评价所需的评价模型和评价因子数据等。具体数据结构按照《第三次全国土壤普查数据库规范（修订版）》要求开展建设，可根据实际业务需求增设其他必要字段。

（1）适宜性评价结果属性结构

适宜性评价结果属性结构描述见表3-31。

表3-31 适宜性评价结果属性结构描述（SYXPJ）

字段名称	字段代码	字段类型	字段长度	小数位数	值域	约束条件	备注
评价单元编号	PJDYBH	Char	60				
土类	TL	Char	60				
亚类	YL	Char	60				
土属	TS	Char	60				
土种	TZ	Char	60				
一级农业区	YJNYQ	Char	60				
二级农业区	EJNYQ	Char	60				
评价单元限制等级	PJDYXZDJ	Char	60				
评价单元适宜类	PJDYSYL	Char	60				
坡度	PD	Char	60				
土层厚度	TCHD	Char	60				
地表砾石丰度	DBLSFD	Char	60				
土壤质地	TRZD	Char	60				
水资源条件	SZYTJ	Char	60				

（续表）

字段名称	字段代码	字段类型	字段长度	小数位数	值域	约束条件	备注
排水能力	PSNL	Char	60				
地表侵蚀程度	DBQSCD	Char	60				
土壤盐碱化	TRYJH	Char	60				
基岩出露丰度	JYCLFD	Char	60				
土壤重金属污染	TRZJSWR	Char	60				
坡度等级	PDDJ	Char	60				
土层厚度等级	TCHDDJ	Char	60				
地表砾石丰度等级	DBLSFDDJ	Char	60				
土壤质地等级	TRZDDJ	Char	60				
水资源条件等级	SZYTJDJ	Char	60				
排水能力等级	PSNLDJ	Char	60				
地表侵蚀程度等级	DBQSCDDJ	Char	60				
土壤盐碱化等级	TRYJHDJ	Char	60				
基岩出露丰度等级	JYCLFDDJ	Char	60				
土壤重金属污染等级	TRZJSWRDJ	Char	60				

（2）耕地质量等级评价结果属性结构

耕地质量等级评价结果属性结构描述见表3-32。

表3-32 耕地质量等级评价结果属性结构描述（GDZLPJ）

字段名称	字段代码	字段类型	字段长度	小数位数	值域	约束条件	备注
评价单元编号	PJDYBH	Char	60				
土类	TL	Char	60				
亚类	YL	Char	60				
土属	TS	Char	60				
土种	TZ	Char	60				
一级农业区	YJNYQ	Char	60				
二级农业区	EJNYQ	Char	60				
耕地质量等级	GDZLDJ	Char	60				
耕地质量综合指数	GDZLZHZS	Float	8	4			

（续表）

字段名称	字段代码	字段类型	字段长度	小数位数	值域	约束条件	备注
地形部位	DXBW	Char	60				
地形部位隶属度	DXBWLSD	Float	8	4			
有效土层厚度	YXTCHD	Char	60				
有效土层厚度隶属度	YX-TCHDLSD	Float	8	4			
有机质	OM	Char	60				
有机质隶属度	OMLSD	Float	8	4			
耕层质地	GCZD	Char	60				
耕层质地隶属度	GCZDLSD	Float	8	4			
土壤容重	TRRZ	Char	60				
土壤容重隶属度	TRRZLSD	Float	8	4			
质地构型	ZDGX	Char	60				
质地构型隶属度	ZDGXLSD	Float	8	4			
有效磷	AP	Char	60				
有效磷隶属度	APLSD	Float	8	4			
速效钾	AK	Char	60				
速效钾隶属度	AKLSD	Float	8	4			
生物多样性	SWDYX	Char	60				
生物多样性隶属度	SWDYXLSD	Float	8	4			
清洁程度	QJCD	Char	60				
清洁程度隶属度	QJCDLSD	Float	8	4			
障碍因素	ZAYS	Char	60				
障碍因素隶属度	ZAYSLSD	Float	8	4			
灌溉能力	GGNL	Char	60				
灌溉能力隶属度	GGNLLSD	Float	8	4			
排水能力	PSNL	Char	60				
排水能力隶属度	PSNLLSD	Float	8	4			
农田林网化	NTLWH	Char	60				
农田林网化隶属度	NTLWHLSD	Float	8	4			
pH	PH	Char	60				

（续表）

字段名称	字段代码	字段类型	字段长度	小数位数	值域	约束条件	备注
pH 隶属度	PHLSD	Float	8	4			
耕层厚度	GCHD	Char	60				
耕层厚度隶属度	GCHDLSD	Float	8	4			
海拔	HB	Char	60				
海拔隶属度	HBLSD	Float	8	4			
坡度	PD	Char	60				
坡度隶属度	PDLSD	Float	8	4			
盐渍化程度	YZHCD	Char	60				
盐渍化程度隶属度	YZHCDLSD	Float	8	4			
地下水埋深	DXSMS	Char	60				
地下水埋深隶属度	DXSMSLSD	Float	8	4			
田块面积	TKMJ	Char	60				
田块面积隶属度	TKMJLSD	Float	8	4			
道路通达度	DLTDD	Char	60				
道路通达度隶属度	DLTDDLSD	Float	8	4			
CEC	CEC	Char	60				
CEC 隶属度	CECLSD	Float	8	4			
侵蚀强度	QSQD	Char	60				
侵蚀强度隶属度	QSQDLSD	Float	8	4			
砾石含量	LSHL	Char	60				
砾石含量隶属度	LSHLLSD	Float	8	4			

3.3.2.4 专题应用数据资源库

专题应用数据资源库用于存储测土配方施肥、高标准农田建设管理等专题应用数据，主要包括耕地地块数据、种植作物数据、高标准农田数据、遥感监测数据和施肥量测算数据等。

（1）耕地地块数据属性结构

耕地地块属性结构描述见表 3-33。

表 3-33　耕地地块属性结构描述（GDDKPJ）

序号	字段名称	字段代码	字段类型	字段长度	小数位数	值域	约束条件	备注
1	标识码	BSM	Int	10			M	
2	要素代码	YSDM	Char	6			M	
3	地块编码	DKBM	Char	100			M	
4	地块名称	DKMC	Char	12			M	
5	坐落	ZL	Char	12			M	
6	地块面积	DKMJ	Float	15	2	>0	O	单位：km^2
7	地块等级	DKDJ	Char	12			M	
8	pH 值	pH	Float	4	1		M	无
9	有机质含量	YJZHL	Float	5	1		M	单位：g/kg
10	有效磷含量	YXLHL	Float	5	1		M	单位：mg/kg
11	速效钾含量	SXJHL	Float	3	0		M	单位：mg/kg
12	备注	BZ	VarChar				O	

（2）施肥量测算数据属性结构

施肥量测算数据属性结构描述见表 3-34。

表 3-34　施肥量测算数据属性结构描述（SFLCSSJPJ）

序号	字段名称	字段代码	字段类型	字段长度	小数位数	值域	约束条件	备注
1	地块编码	DKBM	Char	100			M	
2	地块名称	DKMC	Char	12			M	
3	目标作物	MBZW	Char	12			M	
4	目标产量	MBCL	Float	3	0		M	单位：t/hm^2
5	土壤肥力水平	TRFLSP	Char	12			M	
6	施氮量	SDL	Float	3	0		M	单位：kg/hm^2
7	施磷量	SLL	Float	3	0		M	单位：kg/hm^2
8	施钾量（秸秆还田）	SKLJGHT	Float	3	0		M	单位：kg/hm^2
9	施钾量（秸秆不还田）	SKLJGBHT	Float	3	0		M	单位：kg/hm^2

3.3.3　数据目录编制

数据资源目录见表 3-35。

表 3-35 数据资源目录

序号	数据资源库	部署环境	数据资源名称	数据类型	包含的数据项	共享属性	开放属性	数据类型	数据范围	数据更新频率	是否属于重要数据	备注
1	基础数据资源库	局域网	二普土壤类型图	结构化	标识码、要素代码、土类、亚类、土属、土种、面积、备注	不可共享	不可开放	服务接口	贵州省	年	是	根据《第三次全国土壤普查数据暂行分类分级说明（试行）》，各级土壤普查办原则上不能将数据共享给“三普”实施主体之外的其他主体 根据《三普技术规程规范（修订版）》提到，在土壤普查结果公布前，相关数据不得公开
2			样点布设区	结构化	标识码、要素代码、土地利用类型、坡度级别、土类、亚类、土属、土种、中心点经度、中心点纬度、面积等	不可共享	不可开放	服务接口	贵州省	年	是	
3			布设样点	结构化	标识码、要素代码、样点编号、样点类别、采样类型、是否采集水稳性大团聚体、坐落单位代码、坐落单位名称、经度、纬度、坡度、土地利用类型、土壤类型编码、土类、亚类、土属、土种	不可共享	不可开放	服务接口	贵州省	年	是	
4			调查样点	结构化	标识码、要素代码、样点编号、样点类别、采样类型、坐落单位代码、坐落单位名称、经度、纬度、坡度、土地利用类型、土壤类型编码、土类、亚类、土属、土种	不可共享	不可开放	服务接口	贵州省	年	是	
5	“三普”专项资源库	局域网	立地条件调查信息	结构化	样点编号、海拔高度、天气情况、采样时间、景观照片东、景观照片南、景观照片西、景观照片北、侵蚀类型、侵蚀程度、基岩出露丰度、基岩出露间距、地表砾石丰度、大地形、中地形、小地形、地形部位、坡度、坡形、坡向、母岩、母质等	不可共享	不可开放	属性表	贵州省	年	是	

（续表）

序号	数据资源库	部署环境	数据资源名称	数据类型	包含的数据项	共享属性	开放属性	数据类型	数据范围	数据更新频率	是否属于重要数据	备注
6	“三普”专项资源库	局域网	剖面形态学调查基本信息	结构化	样点编号、剖面照片、有效土层厚度、土体厚度、土体构型、发生层数、生产性能评述、发生学解释等	不可共享	不可开放	属性表	贵州省	年	是	
7			剖面形态学调查分层信息	结构化	样点编号、序号、发生层厚度上界、发生层厚度下界、发生层名称、发生层符号、边界明显度、边界过渡形状、是否野外润态比色等	不可共享	不可开放	属性表	贵州省	年	是	
8			采样信息		样品编号、样点编号、样品类型、层号、样品重量、采样人、采样机构、采样时间、备注	不可共享	不可开放	属性表	贵州省	年	是	
9			样品制备信息	结构化	样品类型、研磨方式、接收样品质量、风干样品质量、粗磨过筛后质量、弃去的碎石和石砾质量、碎石和石砾质量百分数、发送土壤库样品质量、留存样品质量等	不可共享	不可开放	属性表	贵州省	年	是	
10			样品装运信息	结构化	样品箱号、样品类型、样品数量、流转环节、送达单位、送达期限、交运单位、交运人、联系方式、交样日期、承运单位、运输负责人等	不可共享	不可开放	属性表	贵州省	年	是	
11			样品接收信息	结构化	样品箱号、样品类型、样品数量、流转环节、送样单位、送样人、送样日期、送样联系方式、收样单位、收样人、收样日期、收样联系方式等	不可共享	不可开放	属性表	贵州省	年	是	

（续表）

序号	数据资源库	部署环境	数据资源名称	数据类型	包含的数据项	共享属性	开放属性	数据类型	数据范围	数据更新频率	是否属于重要数据	备注
12	“三普”专项资源库	局域网	土壤物理性状表	结构化	样品编号、土壤容重、机械组成 1. 机械组成 2. 机械组成 3. 机械组成 4. 土壤质地．水稳性大团聚体含量 1. 水稳性大团聚体含量 2. 水稳性大团聚体含量 3. 水稳性大团聚体含量 4. 水稳性大团聚体含量 5. 水稳性大团聚体含量 6. 水稳性大团聚体含量 7. 水稳性大团聚体总和	不可共享	不可开放	属性表	贵州省	年	是	
13			土壤化学性状表	结构化	样品编号、pH、可交换酸度、阳离子交换量、交换性盐基总量、有机质、全氮、全磷、全钾、有效磷、缓效钾、速效钾、有效硫、有效硅、有效铁、有效锰、有效铜、有效锌、有效硼、有效钼等	不可共享	不可开放	属性表	贵州省	年	是	
14			土壤环境性状表	结构化	样品编号、总铬、总镉、总铅、总砷、总汞、总镍等	不可共享	不可开放	属性表	贵州省	年	是	
15			土壤生物性状表	结构化	样品编号、线虫组成、线虫多样性、蚯蚓生物量、蚯蚓组成、蚯蚓多样性等	不可共享	不可开放	属性表	贵州省	年	是	
16			土壤类型图	结构化	标识码、要素代码、土类、亚类、土属、土种、面积	不可共享	不可开放	图件	贵州省	年	是	
17			土壤属性图	结构化	标识码、要素代码、指标名称、指标上限、指标下限、面积	不可共享	不可开放	图件	贵州省	年	是	
18			土壤“三普”工作报告	非结构化	/	不可共享	不可开放	文档	贵州省	年	是	

（续表）

序号	数据资源库	部署环境	数据资源名称	数据类型	包含的数据项	共享属性	开放属性	数据类型	数据范围	数据更新频率	是否属于重要数据	备注
19	“三普”专项资源库	局域网	土壤“三普”技术报告	非结构化	/	不可共享	不可开放	文档	贵州省	年	是	
20			专题分析利用报告	非结构化	/	不可共享	不可开放	文档	贵州省	年	是	
21	评价分析专题资源库	局域网	土壤农业利用适宜性评价图	结构化	评价单元、土类、亚类、土属、土种、农业区、评价单元限制等级、评价单元适宜类、坡度、土层厚度、地表砾石丰度、土壤质地、水资源条件、排水能力、地表侵蚀程度、基岩出露丰度、坡度等级、土层厚度等级、地表砾石丰度等级、土壤质地等级、水资源条件等级、排水能力等级、地表侵蚀程度等级、基岩出露丰度等级等	不可共享	不可开放	服务接口	贵州省	年	是	
22			耕地质量等级评价图	结构化	评价单元、土类、亚类、土属、土种、耕地质量等级、耕地质量综合指数、地形部位、地形部位隶属度、有效土层厚度、有效土层厚度隶属度、有机质、有机质隶属度、耕层质地、耕层质地隶属度、土壤容重、土壤容重隶属度、质地构型、质地构型隶属度、有效磷、有效磷隶属度、速效钾、速效钾隶属度、灌溉能力、灌溉能力隶属度、排水能力、排水能力隶属度、pH、pH隶属度、耕层厚度、耕层厚度隶属度、海拔、海拔隶属度等	不可共享	不可开放	服务接口	贵州省	年	是	

（续表）

序号	数据资源库	部署环境	数据资源名称	数据类型	包含的数据项	共享属性	开放属性	数据类型	数据范围	数据更新频率	是否属于重要数据	备注
23	专题应用数据资源库	互联网	成果数据	非结构化	成果名称、成果类型、成果内容、更新日期	有条件共享	可开放	文档	贵州省	年	否	
24			耕地地块	结构化	标识码、要素代码、地块编码、四至、面积	有条件共享	可开放	服务接口	贵州省	年	否	
25			物联网监测数据	结构化	标识码、监测设备、监测指标、监测数值、阈值、预警信息等	有条件共享	可开放	属性表	贵州省	年	否	
26			作物数据	结构化	作物类型、作物名称、作物种植周期、种植区域等	有条件共享	可开放	属性表		年	否	
27			施肥量测算模型	结构化	地块编码、地块面积、目标作物、目标作物产量、测算指标、测算公式、氮肥施用量、磷肥施用量、钾肥施用量	有条件共享	可开放	属性表		年	否	
28			地块农事记录	结构化	地块编码、地块面积、种植作物、农事环节、农事记录、记录人、记录时间	有条件共享	可开放	属性表		年	否	
29			供需信息	结构化	供需类型、服务信息、服务区域、发布时间、发布人	有条件共享	可开放	属性表		年	否	
30			专家库信息	结构化	专家编码、专家名称、专业方向、精通领域、专家介绍	有条件共享	可开放	属性表		年	否	
31			资讯信息	结构化	资讯类型、资讯内容、发布时间、发布人	有条件共享	可开放	属性表		年	否	
32			产品字典	结构化	字典类型、字典编码、产品字典、品牌字典、农机字典	有条件共享	可开放	属性表		年	否	

3.3.4　数据库注册

根据《第三次全国土壤普查数据暂行分类分级说明（试行）》，各级土壤普查办原则上不能将数据共享给“三普”实施主体之外的其他主体。《第三次全国土壤普查技术规程规范（修订版）》提到，在土壤普查结果公布前，相关数据不得公开。

主要面向省、市、县不同级别的农业农村局，贵州省内涉农科研单位及高等院校相关人员，部署在本地局域网环境，该环境数据库建设内容包括基础数据资源库、“三普”专项资源库、评价分析专题资源库。

综上，针对基于本地局域网部署的数据管理分析系统，建成的基础数据资源库、“三普”专项资源库、评价分析专题资源库，由于涉及土壤普查重要数据，不开展数据库注册。

针对基于互联网部署的成果应用服务系统，建成的专题应用数据资源库，按照《关于建设贵州省一体化公共数据资源体系工作方案》（黔数据领〔2023〕2号），验收前在省公共数据平台数据区完成政务信息系统数据库注册。

3.3.5　元数据梳理

按照省级“三普”办管理及数据资源一体化建设有关要求，项目建设需配合按照贵州省政务云要求进行元数据梳理，推动数据资源体系建设闭环。

元数据梳理主要包含元数据抽取、元数据填录、元数据质量、元数据审核、元数据维护、元数据应用等环节。项目在验收之前完成元数据工作梳理。

3.3.5.1　元数据抽取

元数据抽取包括系统汇聚和数据抽取，明确汇聚系统数量、汇聚哪些系统、每个系统投入工作量；明确抽取数据量、数据格式、单位数据投入工作量。

3.3.5.2　元数据填录

元数据元素按照对象划分包含系统元数据元素、表元数据元素和字段元数据元素。基于已形成的基础元数据信息，各方严格按照分工对系统元数据、表元数据和字段元数据中需要人工补充和说明的元素通过线上或线下的方式进行填录。

3.3.5.3 元数据质量

对生成的元数据均会进行质量检测，如缺值、重复值、业务逻辑问题、技术规则不匹配等。对发现的问题进行记录，形成问题清单并同步业务系统。开发商进一步补充修正，使得元数据信息准确反映部门各业务系统中的元数据内容，之间的关联关系一致，无歧义。

3.3.5.4 元数据审核

基于元数据管理系统对元数据质检结果进行审核确认，对元数据质量进行把关，对质检过程中发现的问题进行记录，若存在问题则反馈给元数据梳理方进行重新填录和修正，改善元数据质量。若质检结果审核通过，则将元数据正式发布到元数据管理平台。

3.3.5.5 元数据维护

当元数据通过审核后，对元数据进行维护，元数据的维护包括元数据查询、修改和删除，以及元数据关联关系的查询、新增、修改和删除。

3.3.5.6 元数据应用

元数据应用主要针对可共享、开放的元数据，需基于省数据共享交换平台和开放平台提供数据资源服务。

3.3.6 数据质量保障

数据质量管理应在整个原始库规划、设计、建设、维护中体现和实现。数据质量保障重点从数据质量组织标准、数据质量管理以及数据质量验证机制三个方面考虑，应提供相应的管理流程支持。

为保证质量管理过程的持续改进，确保所有已知的错误在系统中不重复发生，建立完善的数据质量文档体系，整个原始库内的数据质量活动都应有完善的记录，最终依次建立或完善质量考核体系，在数据的全生命周期实现数据质量的保障与管理。

3.3.6.1 数据质量核检策略定义服务

梳理、分析待核验源数据或数据资源在数据采集、数据清洗、数据分发和数据存储阶段进行数据质量核验所需涵盖的规则，并针对性制定出质量核检策略。质量核验策略定义至少应包含核检对象描述、质量核检策略描述、质量核检指标描述等内容。

（1）核检对象描述

描述质量核检规则所使用的数据资源。

（2）质量核检策略描述

描述质量核检所使用的策略，主要包括核检内容（记录完整性、属性完整性、关系完整性、格式有效性、值域有效性、逻辑合理性、主键唯一性、数据唯一性、接入及时性、更新及时性、业务合理性检测等）、核检范围（全量核检或抽样核检）、核检数据抽样规则等。

（3）质量核检指标描述

描述数据质量核检策略对应的指标。

记录完整性检核定义服务：在数据采集阶段，针对数据采集前后的记录条数应一致，不能出现记录缺失的情况，制定出对数据的采集过程进行记录完整性检核的规则。

属性完整性检核定义服务：在存储数据阶段，针对数据 A 的外键取值应在数据 B 的主键取值范围内，不能出现关系引用不完整的情况，制定出对存储数据进行关系完整性检核的规则。

格式有效性检核定义服务：在数据采集和存储数据阶段，针对数据的属性值应符合特定的格式要求（例如身份证号应为 17 位数字+1 位数字或大写字母 X），制定出对数据的指定属性进行格式有效性检核的规则。

值域有效性检核定义服务：在数据采集和存储数据阶段，针对数据的属性值应在指定的取值范围内，制定出对数据的指定属性进行值域有效性检核的规则。

逻辑合理性检核定义服务：在数据采集和存储数据阶段，针对数据的属性值应符合预定的逻辑要求（例如年龄字段不应出现负数，概率类字段应在 0 和 1 之间取值），制定出对数据的指定属性进行逻辑合理性检核的规则。

主键唯一性检核定义服务：在数据分发和存储数据阶段，针对数据的主键属性值应确保唯一，不允许重复，制定出对分发的数据进行主键唯一性检核的规则。

数据唯一性检核定义服务：在数据分发和存储数据阶段，针对数据的全部或部分属性值应确保唯一，不允许重复，制定出对分发的数据进行唯一性检核的规则。

接入及时性检核定义服务：在数据采集阶段，针对数据接入与数据产生的时间差应在合理的时间范围内，制定出对采集的数据进行接入及时性检核的规则。

更新及时性检核定义服务：在数据分发阶段，针对数据内容更新与数据内容变动的时间差应在合理的时间范围内，制定出对分发的数据进行更新及时性检核的规则。

业务合理性检核定义服务：在存储数据阶段，针对数据信息是否符合预定义的业务逻辑要求（例如石灰土的 pH 值不应该出现小于 6 的等），制定出对存储的数据进行业务合理性检核的规则。

3.3.6.2 数据质量检核服务

数据质量检核包括接口数据检查、关键指标稽核、处理过程检查及处理环境检查 4 个方面。

（1）接口数据检查服务

通过接口接入的数据质量检查主要通过 ETL 处理的日志记录，对接入的数据质量进行评估。其中，对于文件接口的数据，主要从接口的完整性、正确性及合理性等方面进行检查，系统根据接收文件的时间、数据量、入库是否异常等角度依托数据治理系统结合配置进行分析。

（2）关键指标稽核服务

对关键指标的稽核主要是为了保证指标一致性。指标一致性应用分析依托数据治理系统、配置等手段通过对数据质量检查、元数据支撑功能及辅助功能三个基本功能域相关功能的调用，实现对该类数据质量问题处理的 IT 化支撑，并配合一些口径一致性问题查找的基本方法。

（3）处理过程检查服务

处理过程检查重点关注处理过程的及时性和准确性，依托数据治理工具或系统，配置检查规则，从系统各数据处理环节进行处理效率和质量的检查，找出处理效率低下和处理错误的环节。处理环节包括数据的抽取、传输、清洗、转换、加载，数据汇总生成、展现等。

（4）处理环境检查服务

依托数据治理系统，配置相应规则和质量检查度量，对处理环境的检查，以保证系统资源利用和环境状况始终在合理的范围内，主要包括表空间监控、文件系统监控、处理目录、系统资源情况、磁盘情况、内存情况以及源系统事件等检查。

3.3.6.3 问题处理及跟踪服务

数据质量管控由数据处理过程监控、数据稽核服务、问题管理服务、质量问题处理和质量处置报告环节组成，一旦发现问题，及时跟踪解决。

（1）数据处理过程监控服务

依托数据治理系统的监控功能，监控数据处理任务执行情况，包括是否按时调度，是否成功等状态消息；监控数据装载和数据分发到数据缓存的采集流程及结果状态。监控业务数据源是否按要求及时准备数据、提供的数据是否符合约定和采集过程。一旦监控预警，需要人工干预消除预警，及时解决问题，保障数据处理任务正常执行。

（2）数据稽核服务

数据质量稽核是数据质量管控的核心，对ETL整个流程的数据质量进行稽核，主要分为数据来源环节和数据加工环节。数据来源稽核：主要包括接口的规范性、完整性、一致性稽核，及时性监控，依托数据治理系统配置相应稽核规则对数据来源进行稽核，一旦发生异常及时处理，确保数据的规范性、完整性、一致性、及时性。数据加工环节稽核：重点要稽核各层之间数据的一致性以及数据的准确性。一致性包括数据在由数据源到整合层、中间层、应用层及数据封装服务接口的传递过程中，数据能否保持一致。在数据保证完整一致的基础上，依托数据治理系统，配置稽核规则，根据业务情况对重点业务指标进行波动检查，准确及时地找到异常数据，并结合以往合理月数据指标的环比变化，确定该指标变化的波峰、波谷，由此形成其正常变化范围。通过环比对照，若该数据在正常变化范围内，则说明该指标数据正常；若偏离正常变化范围之外，则说明该指标数据异常。

（3）问题管理服务

问题管理是为数据质量相关问题处理提供的IT化支撑功能，在发现问题、处理问题的过程中，可以通过问题报告的形式登记问题、指派处理人员，并提交问题处理情况，体现流程化的管理方式。应提供质量问题的创建、发布，以及处理过程的跟踪，为数据校验提供解决、跟踪平台。

（4）质量问题处理服务

问题分析是在数据质量问题生成后，结合人工研判进行问题的分析与定位工作。数据隔离是在当发生重要或严重级别的问题时，结合人工研判分析需要先采取数据处理流程挂起和问题隔离措施，将问题的影响范围控制在较小的区间内，防止问题扩大，便于问题的解决。数据维护是对大数据处理环节造成的数据质量问题，启动相应的数据质量维护流程，解决相应的数据质量问题。过程总结是当问题处理环节结束后，对问题处理的全过程进行记录和总结。数据质量管理系统在对数据的质量进行监控的同时，也使数据提供者有了考核的依据。

（5）质量处置报告服务

根据“数据质量检核规则定义”结果，依托大数据治理质量监控平台，人工配置质量校验规则，从而生成质量报告，通过质量报告对稽核功能模块和问题管理模块做整体的统计分析，主要包括总量评估报告、数据源的质量评估报告、专项数据质量问题评估报告三类报告。总量评估报告是对需要评估总量的数据质量检查/稽核报告（可配置），统计各类错误数，从总体上对数据质量的收敛度进行评估；数据源的质量评估报告是对各类错误统计、接口的稳定性、及时性指标，对各源系统的质量的收敛度进行评估；专项数据质量问题评估报告是以报告形式对重点关注的质量专题，制定专题规则进行分析并对结果予以评估。

3.4 信息安全建设

3.4.1 信息安全管理体系设计

除了采用网络安全技术措施控制安全威胁外，安全管理措施也是等级保护建设中必不可少的内容，所谓“三分技术、七分管理”就是这个道理。安全技术措施和安全管理措施可以相互补充，共同构建全面、有效的网络安全保障体系。《信息安全技术　网络安全等级保护基本要求》指出，安全管理体系主要从如下内容考虑。

（1）安全管理机构

《信息安全技术　网络安全等级保护基本要求》在岗位设置、人员配备、授权和审批、沟通和合作、审核和检查等方面对安全管理机构提出了具体的要求。农科院建立专门的安全职能部门，配备专门的安全管理人员，管理信息安全管理工作，同时对安全管理人员的活动进行指导。

（2）安全管理制度

《信息安全技术　网络安全等级保护基本要求》在管理制度、制定和发布、评审和修订等三个方面对安全管理制度提出了要求。农科院根据系统的实际情况，在信息安全领导小组的负责下，组织相关人员制定和发布信息安全工作的总体方针、政策，说明信息安全工作的总体目标、范围、方针、原则和责任。并定期进行评审和修订。

（3）安全管理人员

人员安全管理要求在人员的录用、离岗、考核、培训以及第三方人员管理上，都要考虑安全因素。

（4）安全建设管理

《信息安全技术 网络安全等级保护基本要求》在系统建设管理阶段针对系统定级、安全方案设计、产品采购、自行软件开发、外包软件开发、工程实施、测试验收、系统交付、系统备案、安全测评、安全服务商选择等等方面提出了具体的要求。在安全服务商选择方面，应选择有实力，有信誉的专业安全服务厂商。

（5）安全运维管理

《信息安全技术 网络安全等级保护基本要求》在环境管理、资产管理、介质管理、设备管理、监控管理、网络安全管理、系统安全管理、恶意代码防范管理、密码管理、变更管理、备份与恢复管理、安全事件处置、应急预案管理等 13 个方面对系统运维管理进行了详细的要求。系统运维管理方面，建议通过内部管理人员维护和采用专业安全厂商的安全服务相结合的方式来实现。

（6）管理体系综述

在安全管理机构、安全管理制度、安全管理人员、安全建设管理和安全运维管理距离等级保护基本要求还有较大差距。安全管理制度、安全管理机构、安全管理人员需要建立并完善；安全建设管理需要在系统上线验收前按照等级保护的相关要求进行落实，并在后续运维中按照等级保护的要求加强系统运维管理，完善运维制度和记录。完善现有的管理制度，整体对网络安全进行要求，并全面覆盖等级保护的要求。

安全管理制度清单见表 3-36。

表 3-36 安全管理制度清单

管理领域	序号	制度名称	主要内容
安全管理制度	1	网络安全策略	说明单位网络安全总体目标、方针和网络安全各方面的总体要求
	2	制度管理办法	说明单位制度的指定、评审、发布、修订的要求和职责归属
安全管理机构	3	网络安全组织体系和职责	说明单位与网络安全组织架构和各部门职责
	4	安全岗位人员管理办法	说明网络安全管理岗位的职责、管理办法等

（续表）

管理领域	序号	制度名称	主要内容
安全管理人员	5	员工安全管理办法	说明人员入职、调度、离职的安全办法，以及人员的安全技能要求和考核办法
	6	第三方人员安全管理办法	说明对第三方人员访问单位的安全管理办法，第三方人员可包括临时访问人员、外包人员等，访问包括物理访问、网络接入等
	7	检查及考核管理方法	说明单位网络安全检查和考核制度
	8	培训及教育管理办法	说明单位开展网络安全培训和教育工作的要求，包括培训的人员、培训的内容、培训频率及考核要求等
安全建设管理	9	项目建设管理制度	说明信息系统建设过程中的安全建设要求，如项目需求阶段安全设计要求、建设阶段的安全建设要求、交付阶段的安全验收要求等，以及系统等级保护建设要求
	10	软件开发管理规定	说明系统在开发过程中的安全控制方法，包括自行开发和第三方开发
	11	代码编写安全规范	说明系统所适用开发语言的代码编写安全规范
安全运维管理	12	办公安全管理办法	说明对办公区域的安全控制方法，如办公区域的访问、重点部位的访问监控、办公桌面安全要求等
	13	信息资产管理办法	说明单位信息资产的分类和管理要求
	14	网络安全管理办法	说明对网络设备的配置、日常运维、巡检等要求
	15	安全事件管理办法	说明对安全事件的定义、处置等要求
	16	存储介质安全管理制度	说明单位介质的申请、使用、销毁等安全管理办法
	17	系统安全管理制度	说明操作系统和数据库的安全配置、配置备份、日志分析、巡检等要求
	18	机房管理制度	说明机房出入申请、登记、设备带出等相关管理要求
	19	计算机病毒防护管理办法	对系统和终端防病毒软件和安装、版本和病毒库更新、病毒通告、响应、安装检查等要求
	20	计算机终端维护管理办法	说明对单位办公终端的安全管理要求，如终端的使用要求、安全配置要求等
	21	备份恢复管理办法	说明对系统备份策略、备份介质、备份恢复等的管理要求

（续表）

管理领域	序号	制度名称	主要内容
系统运维管理	22	设备日常维护制度	说明对设备的日常安全管理和维护的工作要求及相关岗位的职责
	23	系统补丁管理制度	说明对系统补丁的获取、测试、加载、验证和归档的管理流程
	24	变更管理制度	说明对网络和系统的变更的发起、审批、操作、验证、记录等的管理流程
	25	应急响应管理办法	说明单位的应急响应组织结构及职责、应急响应处置流程及响应记录要求等
	26	运行维护管理办法	说明单位网络和信息系统日常运维的安全管理要求，包括运维操作、日志分析、安全检查等工作要求
	27	账号、口令及权限管理办法	对单位账户和密码的安全性进行要求，包括系统账号、设备账号、终端账号等
	28	网络安全检查制度	说明单位安全检查和考核的要求、内容、对象等
	29	应急预案	包括应急预案框架和待测评系统的应急响应预案

3.4.2 信息安全技术体系设计

3.4.2.1 设计目标

平台建设信息安全等级保护的设计目标是：落实《信息安全技术 网络安全等级保护基本要求》的安全保护要求，实现系统的自主访问控制，使系统用户对其所属客体具有自我保护的能力；增加系统安全审计、客体重用等安全功能，并实施以用户为基本粒度的自主访问控制，使系统具有更强的自主安全保护能力；通过实现基于安全策略模型和标记的强制访问控制以及增强系统的审计机制，使系统具有在统一安全策略管控下，保护敏感资源的能力。此外，还要满足国家的相关要求。

平台建设基于本地局域网建设数据管理分析系统，基于贵州政务云公有域建设成果应用服务系统。在本地局域网配置本地安全、密码应用设备，同时租用贵州政务云公有域安全产品保障系统安全稳定运行；利用现有安全网闸实现跨网访问。

3.4.2.2 物理层安全

该部分内容参考《信息安全技术 网络安全等级保护基本要求》的标

准要求进行建设。建设过程中参考的标准主要包括《数据中心设计规范》（GB 50174—2017）、《建筑物防雷设计规范》（GB 50057—2010）、《计算站场地安全要求》（GB 9631—88）、《计算站场地技术条件》（GB 2887—89）、《电磁干扰器技术要求和测试方法》（BMB4—2000）。

3.4.2.3 网络层安全

网络层安全主要涉及结构安全、访问控制、网络设备防护几大类安全控制。

（1）安全域划分原则

业务保障原则：安全域方法的根本目标是能够更好地保障网络上承载的业务。在保证安全的同时，还要保障业务的正常运行和运行效率。

结构简化原则：安全域方法的直接目的和效果是要将整个网络变得更加简单，简单的网络结构便于设计防护体系。例如，安全域划分并不是粒度越细越好，安全域数量过多过杂可能导致安全域的管理过于复杂和困难。

等级保护原则：安全域的划分要做到每个安全域的信息资产价值相近，具有相同或相近的安全等级、安全环境、安全策略等。

立体协防原则：安全域的主要对象是网络，但是围绕安全域的防护需要考虑在各个层次上立体防守，包括在物理链路、网络主机、系统应用等层次。同时，在部署安全域防护体系时，要综合运用身份鉴别访问、控制、检测审计链路冗余及内容检测等各种安全功能，实现协防。

生命周期原则：对于安全域的划分和布防不仅要考虑静态设计，还要考虑不断变化。另外，在安全域的建设和调整过程中要考虑工程化的管理。

（2）边界访问控制

在网络结构中，需要对各区域的边界进行访问控制。网络接入域：通过部署高性能防火墙、VPN 等实现数据中心网络与信息平台外网之间的访问控制。网络核心域：通过核心交换机的 VLAN 划分、访问控制列表实现。核心计算域：通过核心交换机的 VLAN 划分、访问控制列表、部署入侵防护系统实现。

采用部署下一代防火墙，划分安全区域，并对区域之前的互访、外联行为进行管理与审计，对核心区域服务器的访问控制细粒度要到端口、服务级别，保障核心服务的正常运转。

（3）网络设备保护

对网络中关键的交换机、路由器设备，采用一定的安全设置及安全保障手段来实现网络层的控制。主要是配置网络设备自身的身份鉴别与权限控制，包括：登录地址、标识符、口令复杂度、失败处理、传输加密、特权用户权限分配等方面，对网络设备进行安全加固。使用专业的运维审计系统，从角色权限划分、认证、授权等对网络设备进行全面的管控与审计。

认证方式：运维审计系统对主账号的认证，支持本地认证、LDAP 认证、RADIUS 认证等多种方式，能够根据用户实际需求，设置混合认证方式，即不同主账号采取不同的认证方式，实现按需设置认证方式。

访问控制：运维审计系统需支持基于角色的访问控制（RBAC），管理员可按照时间、部门、职责和安全策略等维度，设置细粒度权限策略，让正确的人做正确的事，简化授权管理。

通过集中统一的访问控制和细粒度的命令级授权策略，确保用户拥有的权限是完成任务所需的最小权限。系统能够支持创建基于时间、IP/IP 段、用户/用户组、设备/设备组、设备账号、命令关键字、危险级别（分为高、中、低）等元素的组合条件，授权用户可访问的目标设备、定义高危操作监控策略。当用户越权执行特定命令的时候，实时进行告警、阻断，确保信息系统安全运行。

登录双认证授权：运维人员试图登录重要、关键服务器进行运维时，首选输入正确的认证口令来发起登录请求，管理员收到登录请求后，如果同意此次登录请求，则同样需要输入正确的认证口令，运维人员方可成功登录服务器。

高危命令双认证授权：运维人员在运维过程中，试图执行一些高危命令（如关闭服务器、重启服务器等命令）时，同样需要额外的授权。针对不同的角色，可设置允许、授权、警告或拒绝其执行高危命令，即允许其执行、管理员专门授权后方可执行、警告过后方可执行或拒绝执行，以加强、细化对高危命令的管控。

3.4.2.4　系统层安全

（1）身份鉴别

为提高主机系统安全性，保障各种应用的正常运行，对主机系统需要进行一系列的加固措施，包括以下 5 点。

①对登录操作系统和数据库系统的用户进行身份标识和鉴别，且保障用户名的唯一性。校院信息平台所有用户应当具备独一无二的标识符以便跟踪后续行为，从而可以将责任对应到人。用户 ID 不得表示用户的权限级别，如经理或主管等。

②根据基本要求配置用户名/口令，口令必须 3 种以上字符、长度不少

于8位并定期更换。

③启用登录失败处理功能，登录失败后采取结束会话、限制非法登录次数和自动退出等措施，重要的主机系统应对与之相连的服务器或终端设备进行身份标识和鉴别。

④远程管理时应启用SSH等管理方式，加密管理数据，防止被网络窃听。

⑤对主机管理员登录采取双因素认证方式进行身份鉴别。

（2）强制访问控制

应在主机层启用强制访问控制功能，依据安全策略控制用户对资源的访问，对重要信息资源设置敏感标记，安全策略严格控制用户对有敏感标记重要信息资源的操作。强制访问控制主要是对核心数据区的文件、数据库等资源的访问进行控制，避免越权非法使用。采用的措施主要包括以下4个方面。

①启用访问控制功能：制定严格的访问控制安全策略，根据策略控制用户对应用系统的访问，特别是文件操作、数据访问等，控制粒度主体为用户级，客体为文件或者数据库表级别。

②权限控制：对于制定的访问控制规则要能清楚地覆盖资源访问相关的主题、客体及它们之间的操作。对于不同的用户授权原则是进行能够完成工作的最小化授权，避免授权范围过大，并在它们之间形成互相支援的关系。

③账号管理：严格限制默认账户的访问权限，重命名默认账户，修改默认口令，及时删除多余的、过期的账户，避免共享账户的存在。

④访问控制的实现方式：采用安全操作系统，或对操作系统进行安全改造，且使用效果要达到以上要求。

对于强制访问控制中的权限分配和账号管理部分可以通过安全配置核查产品进行定期扫描核查，及时发现与基线要求不符的配置并进行加固。同时账号管理和权限控制部分还可以通过运维审计系统产品来进行强制管控，满足强制访问控制的要求。

（3）主机审计

主机层审计记录系统用户和数据库用户重要的安全相关事件。

系统用户审计主要包括重要用户行为、系统资源的异常使用和重要程序功能的执行等；还包括数据文件的打开关闭，具体的行动，诸如读取、编辑和删除记录，以及打印报表等。对于系统用户审计建议可以通过运维审计系统来实现，运维审计系统是集账号权限管控以及用户行为审计于一体的安全运维产品，能够通过录屏、记录命令行等方式记录用户对重要服务器的访问行为以及所做的各种操作。

数据库用户审计主要包括用户的各种数据库操作，如插入、更新、删除、修改等行为。对于某些对数据可用性、保密性和完整性方面十分敏感的应用，要求能够捕捉到每个所改变记录的事前和事后的情况。数据库用户审计也可以通过运维审计系统来实现，运维审计系统以旁路方式接入网络，不会对网络造成影响，能够对数据库操作行为进行细粒度的记录，以便事后追查。

（4）恶意代码防范

针对病毒风险，应在信息系统所有服务器和终端主机上部署防病毒系统，加强终端主机的病毒防护能力并及时升级恶意代码软件版本以及恶意代码库。同时部署防病毒服务器，负责制定终端主机防病毒策略，进行防病毒系统的统一管理。终端防病毒系统应与网络防病毒系统为不同品牌，以构成立体防护体系。

（5）剩余信息保护

为实现剩余信息保护，达到客体安全重用，应及时清除剩余信息存储空间，建议通过对操作系统及数据库系统进行安全加固配置，使操作系统和数据库系统具备及时清除剩余信息的功能，从而保证用户的鉴别信息、文件、目录、数据库记录等敏感信息所在的存储空间（内存、硬盘）被及时释放或者再分配给其他用户前得到完全清除。

（6）资源控制

对主机层面的资源控制可以通过以下5个方面来实现。

①登录条件限制：在交换、路由设定终端接入控制，或使用主机防护软件设定终端接入限制，对网络地址范围等用条件限制用户终端登录。

②用户可用资源阈值：限制单个用户对系统资源的最大、最小使用限度，保障正常、合理的资源占用。

③设定安全策略：对在终端登录超时的用户进行锁定，使用主机监控产品对重要的服务器进行监视，包括监视服务器的CPU、硬盘、内存、网络等资源的使用情况，并对用户的资源使用情况做出大小使用度限制。当系统的服务水平降低到预先规定的最小值时进行检测和报警。

④通过内网终端管理系统实现对用户的接入方式、登陆超时锁定、主机资源、网络资源等告警及控制。

⑤建议根据基本要求，通过安全加固措施对主机资源进行限定，还可以

通过部署监控管理系统进行资源监控。

3.4.2.5 应用层安全

（1）身份鉴别

为提高应用服务安全性，保障各种业务的正常运行，应在应用系统开发过程中进行相应身份鉴别功能的开发，包括以下 4 点。

①根据基本要求配置用户名/口令，口令必须 3 种以上字符、长度不少于 8 位并定期更换。

②保证系统用户名具有唯一性。

③启用登录失败处理功能，登录失败后采取结束会话、限制非法登录次数和自动退出等措施。

④对用户登录采取双因素认证方式，采用 USBkey+密码进行身份鉴别或者通过 CA 系统进行身份鉴别。

（2）访问控制

应用层访问控制可以通过以下几个方面实现。

进行访问控制的配置，包括：权限定义、默认账号的权限管理、控制粒度的确定等。

通过安全加固措施制定严格的用户权限策略，保证账号、口令等符合安全策略要求。

通过防火墙制定符合基本要求的 ACL 策略。

（3）安全审计

应用层安全审计是对业务应用系统行为的审计，需要与应用系统紧密结合，此审计功能应与应用系统统一开发。

系统审计应记录系统重要安全时间的日期、时间、发起者信息、类型、描述和结果等，并保护好审计结果，阻止非法删除、修改或覆盖审计记录。同时能够对记录数据进行统计、查询、分析及生产审计报表。同时可以通过运维审计系统对用户行为、用户事件及系统状态加以审计，范围覆盖到每个用户，从而把握数据库系统的整体安全性。

传统防火墙无法有效分辨和检测出当今网络中出现的各种复杂应用，其中包括低风险应用（如 WebEx、ERP 等），也包括高风险应用（如 Bit、QQ、电驴下载等），因而更无法准确地识别和拦截各类应用中的安全风险。下一代防火墙能精确分类与辨识出包括低风险、高风险在内的 1 000+种应用，根据应用不同风险等级分别进行不同级别的安全扫描，从而及时准确地识别和拦截各种威胁攻击，保障用户网络应用的安全性。同时，下一代防火墙将当前网络中发生的一切安全威胁状况都及时清晰、可视、直观地展现给用户，如当前网络中的应用流量分布、用户访问分布，以及在应用的安全防护中发现或拦截了哪些事件等。这些事件按照风险等级，以统计告警、报表、日志的形式可视化地呈现给用户，使用户可以对网络的近日、近期、长期的安全状况都能有非常直观的了解和把握，从而可以及时有效地采取防御措施。

（4）剩余信息保护

为实现剩余信息保护，达到客体安全重用，应及时清除剩余信息存储空间，建议通过对操作系统及数据库系统进行安全加固配置，使操作系统和数据库系统具备及时清除剩余信息的功能，从而保证用户的鉴别信息、文件、目录、数据库记录等敏感信息所在的存储空间（内存、硬盘）被及时释放或者再分配给其他用户前得到完全清除。

（5）通信完整性

信息传输和存储的完整性校验可采用消息摘要机制，应在应用系统开发过程中进行数据完整性校验功能开发。

信息传输的完整性校验应由传输加密系统完成，可以通过防火墙的VPN模块以保证远程数据传输的数据完整性。信息存储的完整性校验应由系统和数据库系统完成。

（6）通信保密性

应用层的通信保密性主要由应用系统完成，应在应用系统开发过程中进行数据加密的开发。在通信双方建立连接之前，应用系统应利用密码技术进行绘画初始化验证，并对通信过程中的敏感信息字段进行加密。信息传输的通信保密性应由加密系统完成，可以通过VPN，以保证远程数据传输的数据机密性。

（7）抗抵赖性

抗抵赖性可以通过数字签名技术实现，通过数字签名及签名验证技术，可以判断数据的发送方是否真实存在的用户。数字签名是不对称加密算法的典型应用。数字签名的应用过程：数据源发送方是用自己的私钥对数据校验和对其他与数据内容有关的便利进行加密处理，完成对数据的合法“签名”，数据接收方则利用对方的公钥来解读收到的“数字签名”，并将解读结果用于对数据完整性的检验，以确认签名合法性的同时，通过对签名的验证，可以判断数据在传输过程中是否被更改。从而，可以实现数据的发送方不能对发送的数据进行抵赖，发送的数据是完整的，实现系统的抗抵赖性和完整性需求。

（8）软件容错

软件容错应在应用系统开发过程中进行相应容错功能的开发，并在上线之前进行代码审核，对输入数据进行校验，保证复核规定；且应具备自动保护功能设计，故障后可以恢复。

（9）资源控制

应用层面的资源控制可以通过系统安全加固措施进行系统资源限定来实现。

①会话自动结束：当应用系统的通信双方中的一方在一段时间内未作任何响应时，另一方应能够自动结束会话，释放资源。

②会话限制：对应用系统的最大并发会话连接数进行限制，对一个时间段内可能的并发会话连接数进行限制，对单个账户的多重并发会话连接数进行限制，设定相关阈值，保证系统可用性。

③超时锁定：根据安全策略设置应用会话超时锁定。

④应能够对一个访问账户或一个请求进程占用的资源分配最大限额和最小限额。

⑤应能够对系统服务水平降低到预先规定的最小值进行检测和报警。

⑥应提供服务优先级设定功能，并在安装后根据安全策略设定访问账户或请求进程的优先级，根据优先级分配系统资源。

3.4.2.6 数据层安全

3.4.2.6.1 数据完整性

系统平台中传输的重要数据，其安全要求较高，尤其是敏感数据信息和隐私信息，建议采用消息摘要机制来确保完整性校验。其方法是：发送方使用散列函数，如 SHA、MD5 等，对要发送的信息进行摘要计算，得到信息的鉴别码，连同信息一起发送给接收方，将信息摘要进行打包后插入身份鉴别标识，发送给接收方。接收方对接收到的信息，首先确认发送方的身份信息，解包后，重新计算，将得到的鉴别码与收到的鉴别码进行比较，若二者相同，则可以判定信息未被篡改，信息完整性没有受到破坏。在传输过程中可以通过 VPN 模块来保证数据包的完整性、保密性和可用性。数据存储过程中的完整性可以通过数据库的访问控制来实现。

（1）读访问控制

必须制定相应的控制措施，以确保获准访问数据库或数据库表的个体，能够在数据库数据信息分类级别的合适级别得到验证。通过使用报表或者查询工具提供的读访问必须由数据所有人控制和批准，以确保能够采取有效的控制措施控制谁可以读取哪些数据。

（2）读取/写入访问控制

对于那些提供读访问的数据库而言，每个访问该数据的自然人以及/或者对象或进程都必须确立相应的账户。该ID可以在数据库内直接建立，或者通过那些提供数据访问功能的应用予以建立。这些账户必须遵从本标准规定的计算机账户标准。

用户验证机制必须基于防御性验证技术（如用户ID/密码），这种技术可以应用于每一次登录尝试或重新验证，并且能够根据登录尝试的被拒绝情况制定保护措施。

为了保证数据库的操作不会绕过应用安全，定义角色的能力不得成为默认的用户特权。访问数据库配置表必须仅限于数据库管理员，以防未经授权的插入、更新和删除。

3.4.2.6.2 数据保密性

关于数据保密性，可以通过一些具体的技术保护手段，在数据和文档的生命周期过程中对其进行安全相关防护，确保内部数据和文档在整个生命周期过程中的安全。

（1）加强数据的认证管理

操作系统须设置相应的认证手段；数据本身也须设置相应的认证手段，重要的数据应对其本身设置相应的认证机制。

（2）加强数据的授权管理

对文件系统的访问权限进行一定的限制；对网络共享文件夹进行必要的认证和授权。除非特别必要，可禁止在个人的计算机上设置网络文件夹共享。

（3）数据和文档加密

保护数据和文档的另一个重要方法是进行数据和文档加密。数据加密后，即使别人获得了相应的数据和文档，也无法获得其中的内容。

网络设备、操作系统、数据库系统和应用程序的鉴别信息、敏感的系统管理数据及敏感的用户数据应采用加密或其他有效措施实现传输保密性和存储保密性。

当使用便携式和移动式设备时，应加密或者采用可移动磁盘存储敏感信息。

（4）加强数据和文档日志的审计管理

使用审计策略对文件夹、数据和文档进行审计，审计结果记录在安全日志中，通过安全日志就可查看哪些组或用户对文件夹、文件进行了什么级别的操作，从而发现系统可能面临的非法访问，并通过采取相应的措施，将这种安全隐患降到最低。

（5）进行通信保密

用于特定业务通信的通信信道应符合相关的国家规定，密码算法和密钥的使用应符合国家密码管理规定。

3.4.2.6.3 备份和恢复

针对数据的备份和恢复要求，应用数据的备份和恢复应具有以下功能。

①应提供本地数据备份与恢复功能，完全数据备份至少每天一次，备份介质场外存放。

②应提供异地数据备份功能，利用通信网络将关键数据定时批量传送至备用场地。

③应采用冗余技术设计网络拓扑结构，避免关键节点存在单点故障。

④应提供主要网络设备、通信线路和数据处理系统的硬件冗余，保证系统的高可用性。

3.4.3 信息安全建设内容

3.4.3.1 安全整体组网架构

信息安全网络架构见图 3–7。

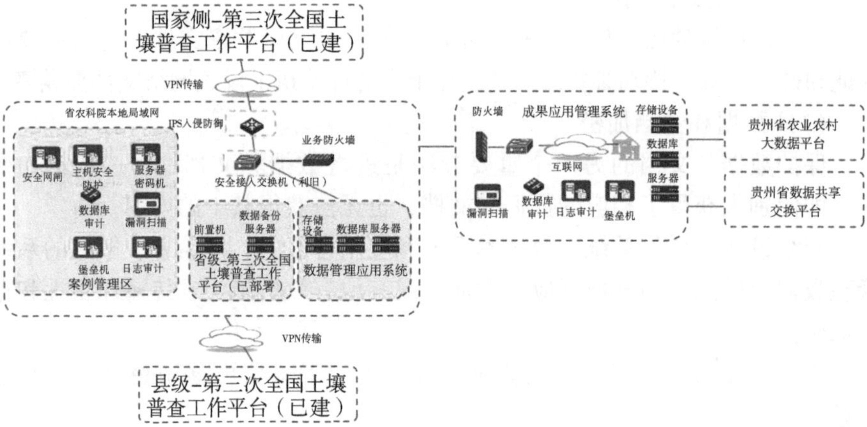

图 3–7 信息安全网络架构

3.4.3.2　本地安全

为贯彻落实《中华人民共和国网络安全法》中规定的网络经营者应当履行的义务，建立健全的网络安全防护体系，切实保障本地机房网络内信息资产安全，支撑其信息化以及未来业务的发展，按照《信息安全技术　网络安全等级保护基本要求》（GB/T 22239—2019）标准第三级的安全保护能力要求，结合本地机房网络的业务安全需求特点，对平台所需机房网络从信息安全等级保护技术体系、安全等级保护管理体系两个方面提出安全建设的整体框架，建立“一个基础”（安全物理环境）、“一个中心”（安全管理中心）保障下的“三重防护体系”（安全通信网络、安全区域边界、安全计算环境）的架构，使机房网络具备满足需求的安全防护能力。

根据《第三次全国土壤普查省级数据库及成果应用系统建设技术指引》（国土壤普查办发〔2024〕7 号），各省级土壤普查办根据《信息安全技术网络安全等级保护基本要求》（GB/T 22239—2019）建设本地存储环境，按照推荐配置要求，本地化需配置支持 IPSecIKEv2 协议的防火墙、堡垒机、主机安全防护、漏洞扫描、日志审计、数据库审计、防病毒软件、VPN、数据脱敏设备等信息安全产品。

3.4.3.3　贵州政务云安全

按照《信息安全技术　信息系统密码应用基本要求》（GB/T 39786—2021）中等保三级建设要求，基于互联网进行信息安全产品租用，需要配置信息安全产品包括入侵防御系统、下一代防火墙、漏洞扫描系统、数据库审计、日志审计系统、堡垒机等。

（1）入侵防御设备（IPS）

通过串联部署 IPS 弥补防火墙的不足，为网络安全提供实时的入侵防护及采取相应的防护手段，降低网络安全风险。IPS 适应攻防的最新发展，准确监测网络异常流量，自动应对各层面安全隐患，能够第一时间将安全威胁阻隔在网络外部。IPS 产品弥补了防火墙等产品的不足，能够提供动态的、深度的、主动的安全防御，为应对新型攻击带来的威胁，从智能识别、环境感知、行为分析三方面加强对应用协议、异常行为、恶意文件的检测和防护。

（2）下一代防火墙

配置下一代防火墙设备，同时提供传统防火墙功能和 VPN 功能。立足于用户网络边界，建立起以应用为核心的网络安全策略和以内网资产风险识别为主体的全方位的安全防护体系。同时，对于学校的远程接入用户，通过SSL-VPN技术的WEB反向代理技术帮助其访问总部内容的WEB服务器，通过网页浏览器即可进行业务的访问和交互，并通过HTTPS技术对业务数据传输进行加密保护；提供有效的用户管理和认证机制，对接入用户进行访问授权，能够提供双因子认证机制，保证业务系统仅对授权用户开放，提高系统机密性，确保内容重要信息不外泄。

（3）漏洞扫描系统

对IT系统来说，网络中每个点的安全情况都会对整个IT系统造成威胁，运维人员不但要关注某个区域的安全情况，还需要关注整个IT系统的安全风险情况。这要求有相应的漏洞管理平台对整个网络中的漏洞扫描产品进行集中管理，收集信息，汇总分析，让运维人员掌握整体网络安全状况。

漏洞扫描系统通过建立IT资产关系列表，并基于资产信息进行脆弱性扫描和分析报告，能够高效、全方位地检测网络中的各类脆弱性风险，并提供脆弱性风险的安全分析和修补建议，加强信息系统自身安全健壮性，最大可能降低被攻击概率。

（4）数据库审计

数据库审计能够实时记录网络上的数据库活动，对数据库操作进行细粒度审计的合规性管理，对数据库遭受到的风险行为进行告警，对攻击行为进行阻断。它通过对用户访问数据库行为的记录、分析和汇报，用来帮助用户事后生成合规报告、事故追根溯源，同时加强内外部数据库网络行为记录，提高数据资产安全。

（5）日志审计系统

日志审计系通过基于日志内容深度分析，对采集到的日志数据进行实时动态分析，将网络非法访问、数据违规操作、系统进程异常、设备故障敏感信息等高危安全事件，从海量日志数据中提取出来，并通知管理员及时处理。

（6）堡垒机

针对运维操作进行控制和审计的管控系统。堡垒机系统对整个运维过程从事前预防、事中控制和事后审计进行全程参与。事前预防：建立“自然人-资源-资源账号”关系，实现统一认证和授权。事中控制：建立“自然人-操作-资源”关系，实现操作审计和控制。事后审计：建立“自然人-资源-审计日志”关系，实现事后溯源和责任界定。

（7）SSL VPN

在系统安全认证方面，采用登录 SSL VPN 身份验证、权限划分、登录应用身份验证的主线进行保障。SSL VPN 接入认证方式可采用两种或多种认证的组合，多重组合、软硬结合确保接入身份的确定性。在用户接入 SSL VPN 后进行应用访问权限的划分，对于享有访问权限的用户，应用系统采用主从账号绑定 SSL VPN 登录账号和应用系统账号两种方式。

（8）防病毒网关

具备 HTTP、SMTP、FTP、POP3、IMAP 等常用协议下的病毒防护，支持可疑文件检测，支持过滤邮件病毒、文件病毒、恶意网页代码、木马后门、蠕虫等多种类型病毒，不少于 600 万的病毒特征库。支持 gzip、rar、zip 等压缩格式的病毒扫描。支持基于策略的病毒扫描与防护，可针对不同的源目 IP 地址、源 MAC 地址、服务、时间、安全域、用户等，采用不同的病毒防护策略。支持 IPv4 和 IPv6 双栈协议下的病毒扫描与防护。支持应用协议自识别，防止更改协议端口从而绕过病毒查杀的事件发生。

（9）杀毒软件

提供对宿主机、虚拟机、虚拟机应用的三层防护能力，采用低耗的技术架构，全面兼容企业物理和虚拟环境，保障业务系统的稳定性和连续性，包括防病毒、防火墙、入侵防御、防暴力破解、webshell 检测、安全基线、虚拟化加固功能。

3.5 密码应用建设

设计需依据《信息安全技术　信息系统密码应用基本要求》（GB/T 39786—2021）中等级保护第三级信息系统要求，实现与商用密码的对接。满足物理和环境安全需求、网络和通信安全需求、设备和计算安全需求、应用和数据安全需求等，通过第三方测评机构的安全性评估，并取得密码应用安全性评估报告。

密码应用设计框架见图 3-8。

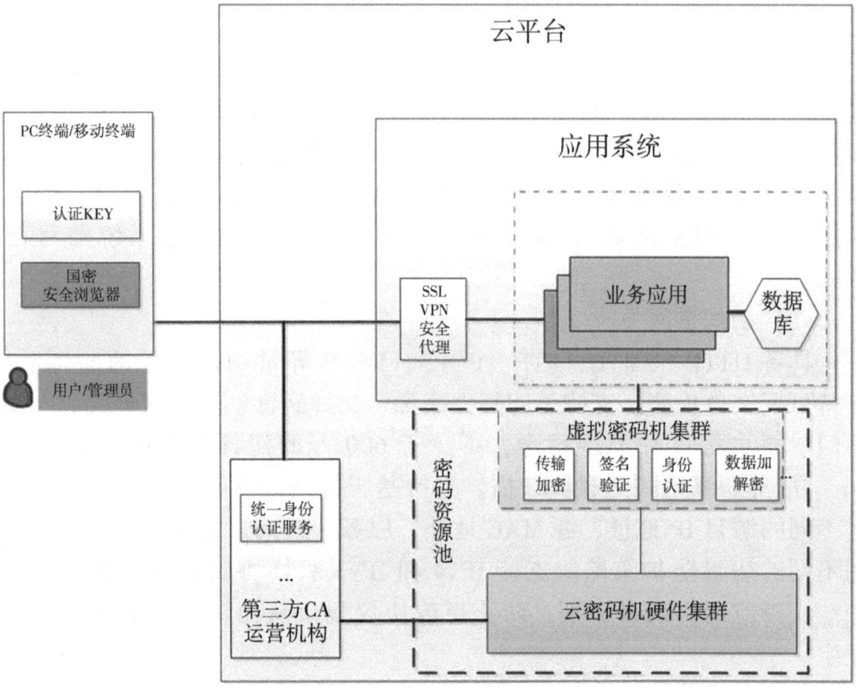

图 3-8　密码应用设计框架

3.5.1　物理和环境安全

物理和环境安全包括：实体鉴别、电子门禁记录数据存储完整性、视频监控记录数据存储完整性、密码服务、密码产品。

当前机房未实现密码技术的应用，依据《信息系统密码应用高风险判定指引》，机房采用了降低风险的措施，当前机房部署了门禁系统和视频监控，进出人员需由单位提前申请，通过第三方运营商核实、审批、实名登记后方可进入机房，专人管理。

3.5.2　网络和通信安全

网络和通信安全包括：实体鉴别、数据通信完整性、敏感信息或通信报文的机密性、网络边界访问控制信息的完整性、安全接入认证、密码服务、密码产品。

（1）用户访问通道

针对贵州省第三次全国土壤普查成果应用平台中各个子系统的用户访问通道安全，区分为贵州省市县三级农业部门技术人员、涉农科研院所及高校、农业种植企业大户。针对农业部门技术人员配备 50 个商密浏览器，结合商密浏览器和云密码安全代理服务，建立双向认证的加密通道。针对其他用户，则采用降低高风险的方式，采用 RSA（2048）算法的 HTTPS 加密通道，来保障其通道安全。管理人员终端与安全代理进行双向身份认证，并建立加密通道，保障传输的机密性和完整性（图 3-9）。

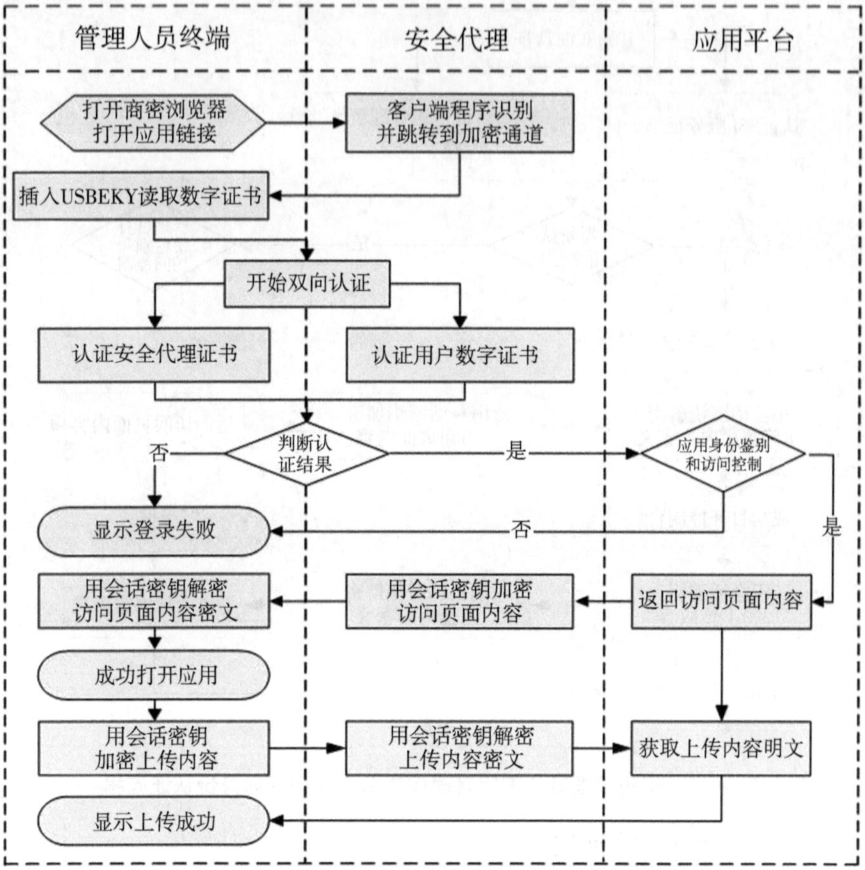

图 3-9　管理人员与安全代理之间的双向身份认证流程

（2）密钥管理员访问通道

密钥管理员与密钥管理系统之间的双向身份认证，并建立加密通道，保障传输的机密性和完整性（图 3-10）。

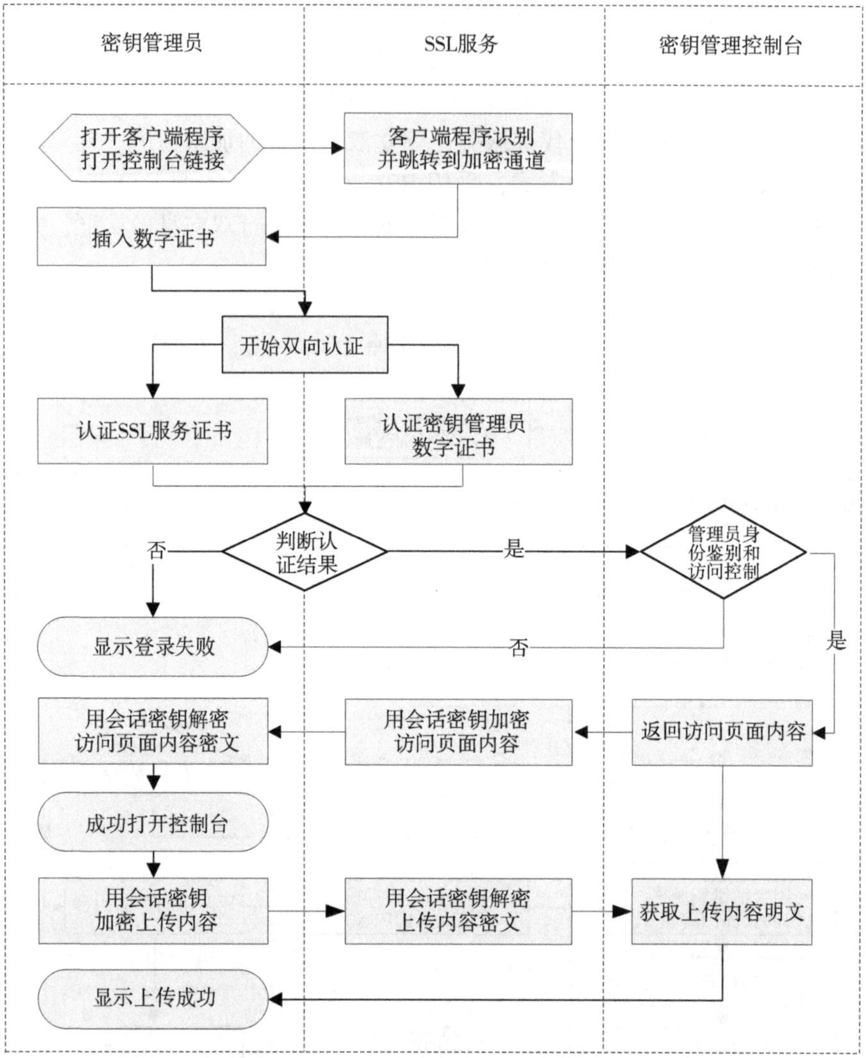

图 3-10　密钥管理员与密钥管理控制台之间的双向身份认证流程

（3）纵向数据共享通道

根据《第三次全国土壤普查省级数据库及成果应用系统建设技术指引》（国土壤普查办发〔2024〕7 号），国家级平台为有数据同步需求的省份创建 VPN 连接通道，并设置对应的 VPN 连接密码。根据相关配置要求，各省设置数据同步防火墙中 VPN 连接的参数，开放数据同步所需的 TCP 端口

（225001、7788）及 ICMP 端口，建立数据同步 VPN 连接。

（4）横向与省市其他系统的数据共享通道

为实现信息的互通和共享，贵州省第三次全国土壤普查成果应用平台按照省级政务信息化建设及管理要求，对内接入贵州省农业农村大数据平台，对外接入贵州省数据共享交换平台，实现业务信息数据共享。

3.5.3 设备和计算安全

设备和计算安全包括：实体鉴别、安全的信息传输通道、系统资源访问控制信息完整性、重要信息资源安全标记完整性、日志记录完整性、重要可执行程序完整性、重要可执行程序来源真实性、密码服务、密码产品。

3.5.3.1 身份鉴别

（1）VPN

采用 VPN、堡垒机结合的方式，实现管理用户身份认证服务（图 3-11）。

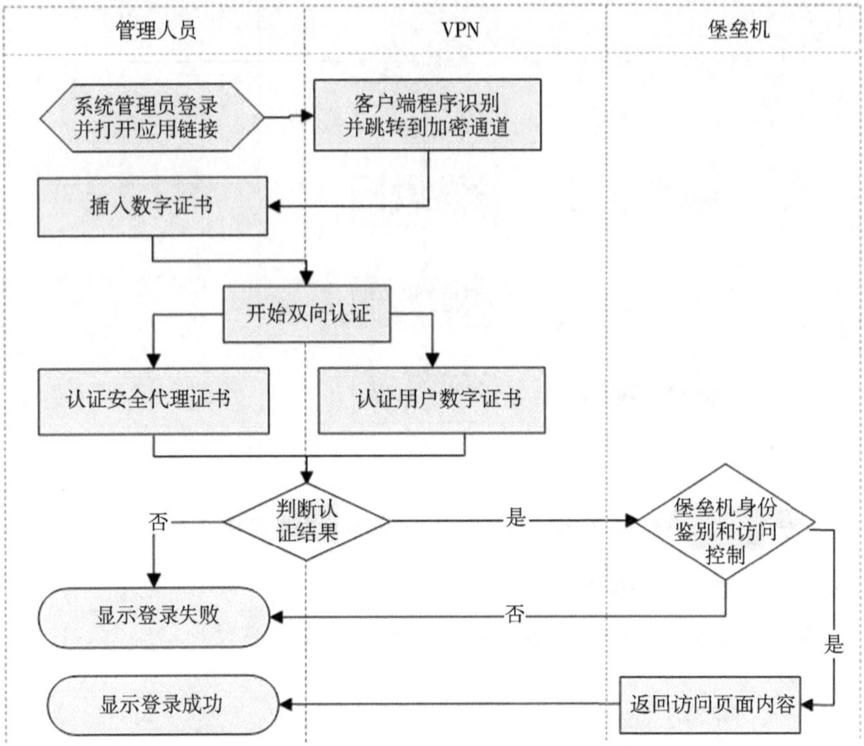

图 3-11 管理人员 PC 端登录服务器的认证流程

堡垒机支持用户名、口令+短信验证/动态令牌/USB Key 的登录方式，具体登录方式由用户自行选择。

（2）密码机

密钥管理员终端身份鉴别流程见图 3-12。

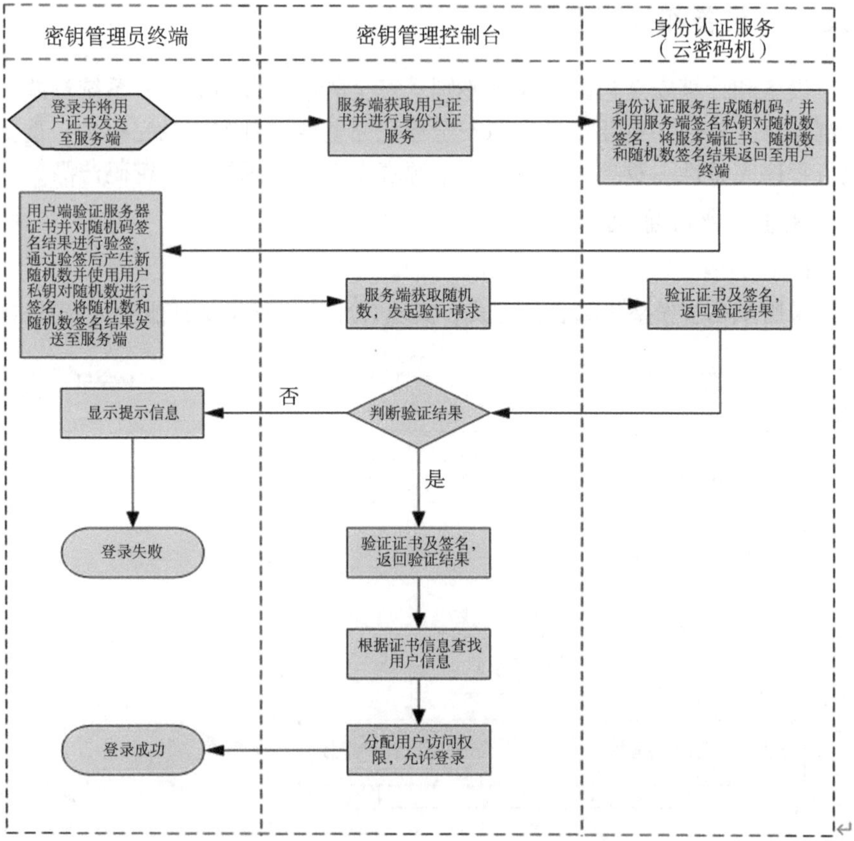

图 3-12　密钥管理员终端身份鉴别流程

3.5.3.2　日志完整性

操作日志的完整性保护流程见图 3-13。

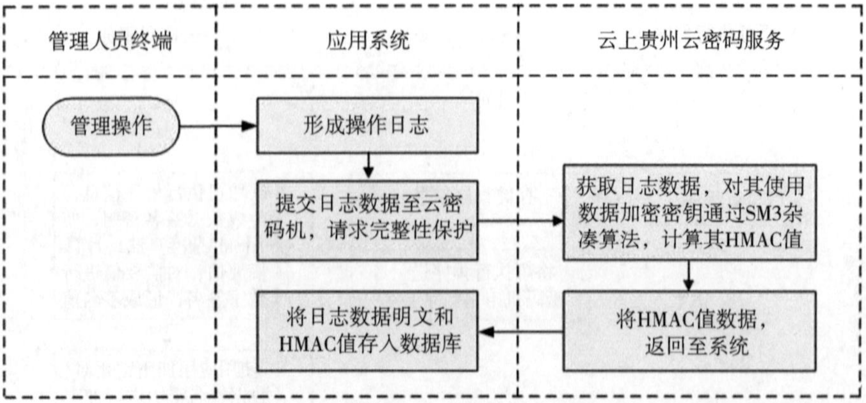

图 3–13　操作日志的完整性保护流程

3.5.3.3　远程运维管理通道

使用云堡垒机和云安全接入服务结合的方式，保证人员在进行远程管理设备时，建立一条安全的信息传输通道（SM2、SM3、SM4），保证传输数据的机密性和完整性。进行云密码机的管理时，需在本地安装安全代理客户端，并配备智能密码钥匙，与云密码机管理控制台之间建立加密通道（SM2、SM3、SM4），保证传输数据的机密性和完整性。

3.5.3.4　重要可执行程序

（1）堡垒机

系统基于云平台建设，所需的设备、操作系统和计算资源由云平台现有产品及服务提供，堡垒机中重要可执行程序完整性及来源真实性列为不适用项。系统中重要可执行程序均从官方渠道获取，且在安装前对程序进行验证，保证其没有受到篡改。在一定程度上降低重要可执行程序完整性、重要可执行程序来源真实性保护的安全风险。

（2）服务器

项目应用的重要可执行程序包含安装和卸载程序，其完整性保护采用应用系统定期调用密码资源对重要可执行程序进行 HMAC 完整性保护的方式。具体流程同设备日志记录完整性流程。采用签名验签的方式保证重要可执行程序的真实性，流程如下（图 3–14）。

贵州省第三次全国土壤普查成果应用平台在储存程序信息后送密码机进

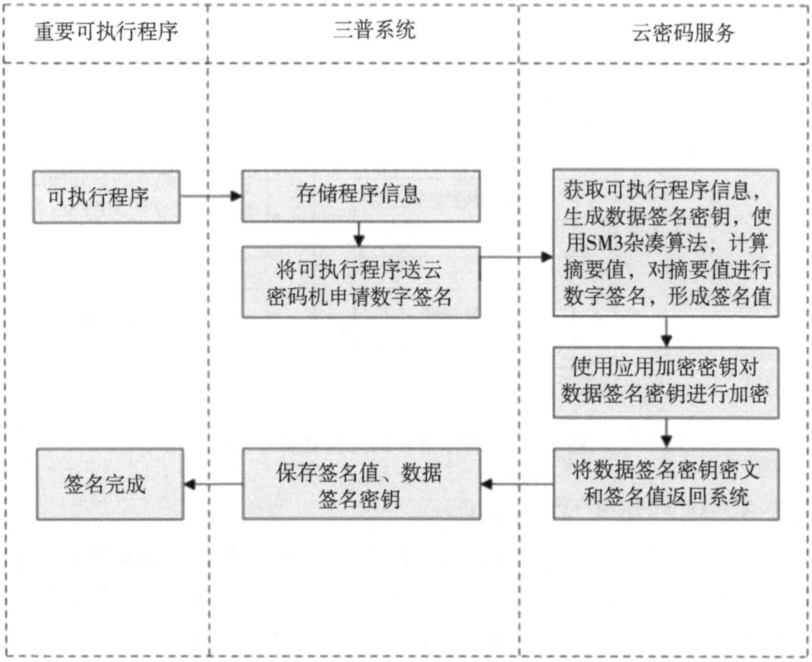

图 3-14　可执行程序的真实性保护流程

行数字签名，完成后将密钥和签名值进行保存，签名完成。当调用程序时，将调用密码机对其签名值进行验签，以保证其真实性。

3.5.3.5　访问控制信息

系统基于云平台建设，所需的设备、操作系统和计算资源由云平台现有产品及服务提供，暂无法实现采用密码技术对系统资源访问控制信息做完整性保护，该项做不适用处理。系统中对设备管理员进行详细的权限管理，遵循权限分离原则，只分配给管理员完成操作所需的最小权限，通过严格的管理措施降低安全风险。系统资源访问控制信息完整性由应用系统定期进行完整性保护（图 3-15）。

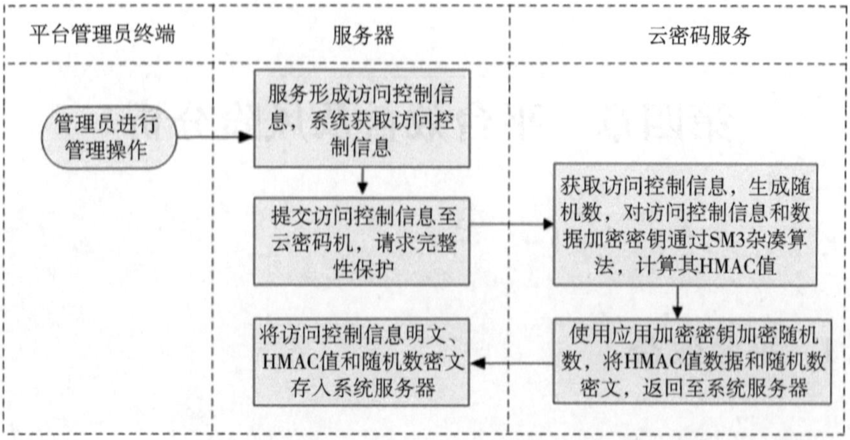

图 3-15　系统资源访问控制信息的完整性保护流程

3.6　标准规范建设

贵州省第三次全国土壤普查成果应用平台涉及数据，不仅限于“三普”土壤数据，还涉及测土配方施肥数据、土地利用数据（矢量图）等，通过开展数据接口标准、数据标准两个标准规范建设，统一数据接口、规划数据类型。

数据接口标准：制定统一的接口标准规范，包括接口协议、数据传输格式、接口参数等，确保数据的正确传输和处理。

数据标准：为了确保数据质量、一致性和互操作性。数据标准规范定义数据元素、数据格式、数据类型、数据标识符、数据元数据和数据词汇等。在数据元素方面，定义每个数据元素的名称、定义、数据类型、长度、范围和默认值等。在数据格式方面，定义数据格式的标准、规则和约定，以确保数据格式的一致性和互操作性。在数据类型方面，定义数据类型的标准和规范，以确保数据类型的正确性和一致性。在数据标识符方面，定义每个数据元素的唯一标识符，以确保数据的唯一性和一致性。在数据元数据方面，定义数据元素的描述、数据来源、数据存储位置和数据处理方法等信息，以便对数据进行管理和维护。在数据词汇方面，定义数据词汇表，以确保使用的词汇和术语的一致性及标准化。

第四章　平台效益及风险分析

4.1　平台效益

4.1.1　效益分析

（1）社会效益

贵州省第三次全国土壤普查成果应用平台建设是将土壤质量管理数字化，适应我国幅员辽阔的国情；有利于精准改善贵州省生态环境问题；将数量庞大的数据统一管理，实现土壤、科学技术、农资等要素的优化组合，推动数字农业农村建设；通过专业规范的，方便快捷的土壤信息数字化管理，降低成本，提高效益和效率；推动地理信息与农业产业融合，进而提高平台用户参与积极性、紧密连接性、获取信息的公开性，更加合理配置市场资源，激发数字农业市场化发展活力，最终达到多方共赢。

贵州省第三次全国土壤普查成果应用平台的推广应用有利于贵州省防止返贫政策的落实。脱贫攻坚的9个主要任务和重要举措中有3个与土壤生态系统服务密切相关，包括产业发展脱贫、生态扶贫、提升贫困区区域发展能力。产业发展脱贫中，在立足贫困地区资源禀赋的基础上，要把土壤资源的合理利用放在首要位置。目前尚未脱贫的区县多处在偏远的山区，土壤资源承载力较低，但总体生态环境质量较好，建设土壤普查成果应用平台，有利于兼顾其长期可持续发展能力。

（2）经济效益

通过土壤普查成果应用平台建设，为农事综合服务提供基础，有利于农户、家庭农场、服务组织等更好地了解土壤情况，配合农业种植等推进措施，进一步提高效率，增加效益，加快数字农业农村建设的脚步。减少资源浪费，引导农业主管部门因地制宜地增加标准化生产种植区域与面积，结合土壤信息，采用先进农作技术，降低化肥农药的使用量，提高农产品产量和品质，实现农业生产的节本增效。应用大数据平台，实现土壤数据数字化，与今后数字农业发展接轨，从而带来更多经济效益。

4.1.2　建设成效

平台建成后，通过示范、推广应用等方式，促进土壤信息向应用等规模化、标准化方向发展，预计可辐射带动周边地区同样采用土壤普查成果应用平台实现土壤信息数字化，提高效益。此外，通过平台的示范作用，可进一步促进数字农业农村建设的健康、快速发展。平台开发建设期间也会提供部分就业机会，带动本区域人才、吸引各地人才参与其中，形成带动就业的示范效果，助力乡村振兴。

4.2　风险分析

4.2.1　风险识别与分析

（1）业务风险

业务方面可能产生的风险主要包括业务流程的改变，业务规程的变化，以及对应的预算科目的变化等。

（2）系统应用风险

网络信息技术飞速发展，从概念到技术到应用不断推陈出新，项目的开发建设与之相比，不可避免地具有一定的滞后性。同时，系统平台在发布以后会有可替代的风险，当替代技术完全能实现同样功能，同时在可靠性及成本等方面更胜一筹时，技术的风险也会增大；任何系统都无法保证不存在任何漏洞，尤其是通过互联网访问的系统。应用系统安全和网络安全是需要重点关注的风险要素。

（3）数据风险

数据方面，由于部分数据为涉密数据，故而导致在处理和发布的时候会涉及数据脱密加工发布的工作，系统建设与原有系统存在接口问题，不能组成统一的运行系统。数据库方面，可能新建的数据库和其他系统的数据库或者其他单位的数据库由于异构的问题不能进行数据传输和共享。

4.2.2 风险应对与控制

（1）业务风险

变更管理：建立严格的业务流程变更管理制度，确保任何业务流程的变更都须经过审批和测试，以降低风险。

持续监测和学习：鼓励员工不断学习和适应新的业务规程及预算科目，以确保他们了解并适应变化。

预算管理：管理预算，确保充分的资金用于应对业务变化，以减轻财务方面的风险。

（2）系统应用风险

技术监测：持续监测新兴技术和应用领域，确保项目采用最新可行的技术。

替代方案：开发备选方案，以便在必要时快速切换到更可行、成本效益更高的技术。

安全措施：实施严格的应用和网络安全措施，包括防火墙、反病毒软件、安全审计等，以降低网络和应用系统的风险。

（3）数据风险

数据加工和发布规程：制定数据加工和发布的明确规程，确保数据的安全和脱密处理。

接口问题解决：在项目初期，进行充分的数据接口规划和测试，确保新系统与原有系统无缝连接，建立数据传输协议。

参考文献

国家市场监督管理总局，国家标准化管理委员会，2023. 信息安全技术 通用密码服务接口规范：GB/T 43578—2023［S］.

贵州省土壤普查办公室，1994. 贵州省土壤［M］. 贵阳：贵州科技出版社.

贾建丽，于妍，2022. 环境土壤学［M］. 北京：化学工业出版社：258.

龙怀玉，卢昌艾，冀宏杰，等，2024.《第三次全国土壤普查暂行土壤分类系统》土类检索系统构建［J］. 中国农业科学，57（21）：4264-4275.

卢贤玲，2021. 大数据处理技术与项目实战［M］. 北京：新华出版社：495.

马秀麟，邬彤，鲍建樟，等，2021. 信息处理与数据科学［M］. 北京：北京师范大学出版社，11：438.

王国平，2017. 数据可视化与数据挖掘［M］. 北京：电子工业出版社：349.

徐茂智，邹维，2020. 信息安全概论［M］. 北京：人民邮电出版社：280.

杨洋，刘全，2017. 软件系统分析与体系结构设计［M］. 南京：东南大学出版社：207.

张凯，张旭，2023. 大数据安全治理与防范［M］. 北京：人民邮电出版社：254.

张泽中，郝志斌，潘红卫，等，2019. 贵州省典型县农业抗旱预警信息系统研究［M］. 北京：中国水利水电出版社：292.

郑天民，2017. 系统架构设计［M］. 北京：人民邮电出版社：256.